心理学宇宙系列

孤独星人自救指南

在孤独中前行

吴晓磊 著

中国法制出版社
CHINA LEGAL PUBLISHING HOUSE

前言 Preface

孤独对每个人来说也许都是一种不愉快的体验。我们害怕孤独，因为孤独就像一场看不见希望的漫长等待，让我们忧虑，让我们焦灼，让我们误以为自己被全世界抛弃。

然而，孤独却几乎是每个人都会经历的情感体验。孤独不单单是一个人的独处，很多人即使每天都被朋友环绕，过着充满烟火气的热闹生活，在夜深人静的夜晚也会感到深切的孤独。孤独是内心最直观的感受，而独处只是将这种感受变大而已。

作为群体动物，我们渴望与他人交往，渴望互相理解，我们以为亲密关系是治愈孤独的唯一解药。所以孤独时，我们渴望被关心，渴望被理解，以为哪怕一句简单的问候都可以把我们从孤独的深渊拯救出来。

然而外界的力量真的能够拯救我们吗？我们真的能做到互相理解吗？如果寻求理解的努力注定是徒劳无功的，为什么不尝试着转变一下我们对孤独的态度呢？

很多时候我们并不是那么了解孤独，我们甚至没有那么了解自己，不知道自己真正需要的是什么。我们在成长中学会了强迫自己去合群，去微笑，试图在人群中寻找安全的归属感。但是孤独也许并没有我们想象中的那么可怕，那些懂得享受孤独的人从来不会感到寂寞。而那些努力想把自己融入人群中的人，反而不容易和周围的人形成良性的互动。

如果你害怕孤独，可以尝试着与孤独和解。

与其勉强通过与人交往来消灭孤独，化解无奈，不如坦然面对自己的内心，正视孤独，找到“孤独”的真正意义。我们只有学会与孤独和解，才能够找回久违的幸福感、安定感。当我们学会了与孤独和解，就会发现与人建立亲密关系并不是获得幸福、找到人生价值的唯一要素。

如果你享受孤独，那么独处也是一种力量。

低质量的社交永远是浪费时间的无用功，只有高质量的独处才能帮助我们找到纯粹的自我。高质量的独处是我们建立新观念、养成独立习惯不可或缺的方式，也是我们了解自我内心的重要途径。当我们体会到高质量的独处后，更能明白独处是一种难得的能力，是培养非凡创造力、找到灵感、自我疗愈的良机。

每章的末尾都有一个心理小测试，能为我们提供多一个角度来认识自己；需要注意的是，该测试并非专业的心理测试，测试结果仅供参考。

最后，要对周晴老师表示感谢，是在她的一并努力下，本书才得以尽快写作完成。另外，于富荣、于福莲、曹烈英也对本书的写作提供过帮助，在此一并表示感谢。

目录

Contents

第二章 探寻孤独的心理根源：你为什么总是不合群？

第三章 警惕长期孤独，别让"病态独处"毁了你

第四章　尝试与孤独和解，重塑更好的自我

第五章　没必要从众，先找回内心的坦然淡定

第六章　试试“选择性社交”，不必勉强维持亲密关系

第七章　处理好人际冲突，找到孤独与交往的平衡点

第八章　在孤独中前行，寻获自我提升的动力

第一章

看清孤独的真相：孤独到底是什么？

每个人都会有孤独的时候

孤独是一种主观上自觉与他人或社会隔离与疏远的感觉和体验。因为脱离社会群体，孤独的人往往生活在一种消极的状态之中。

人类作为群居动物，需要通过各种社会合作来适应外部环境，从而形成各种各样的社会关系。当一个人的某种社会需要得不到满足，或者对社会关系的渴望无法满足时，就会感到孤独。简言之，缺乏社会感的人就会感到孤独。

孤独产生的原因很复杂，外部环境和内在心理因素都有可能让人产生孤独感。

一个人如果独自生活在人烟稀少的环境中，如那些在偏远山区坚守岗位的工作者，就会经常感到孤独。这时的孤独就是由于身处偏僻的环境，长期没有交流对象造成的。

而一个人即使身处一个热闹的环境之中，但是周围没有朋友，没有熟人，需要独自面对许多问题，承受许多压力，这时的情感需求无法得到满足，同样也会感到特别孤独。这就是对社会关系的渴望无法满足导致的孤独。

当今社会，孤独肆虐，许多人都深受其害，许岩就是其中之一。

许岩，25岁，刚刚经历了一次失恋，目前单身。这次失恋之后，许岩孤独感十分严重，甚至对生活失去了激情。

许岩不知道为什么进入社会后自己会那么容易感到孤独，读书时他一直乐观开朗，从来不知道孤独是什么滋味。许岩的家庭条件虽然一般，但是父母都非常溺爱他，大学也是在本地读的。许岩毕业后去了别的城市工作，没想到进入社会后，孤独就开始如影随形。

许岩在溺爱的环境下长大，习惯了有人宠护着，正是这种惯性心理成了许岩人际关系中的最大问题。他觉得同事们都不理解自己，甚至对自己有意见，因此无法和他们正常交流。因为父母溺爱，成年之后，许岩也理所当然地觉得人人都该对他好，所以同事对他稍微冷淡一点，他就觉得自己被孤立了，因此常常感到孤独。

在恋爱关系中，许岩也习惯成倍地向恋人索求感情，给对方带来了很大的压力。他对爱的无度索求和永不满足，往往会吓跑身边的人。这一次失恋让许岩痛苦不堪，他甚至一度怀疑，这世上除了父母再也找不到爱自己的人。

渐渐地，许岩变得情绪低落，与人交往时也不愿敞开心扉，他渴望得到一些东西，又害怕失去，整日患得患失。他从一个乐观开朗的年轻人，变成了一个性格内向又沉默寡言的人。因为孤独感越来越严重，许岩对生活失去了目标和激情，他无法交到新朋友，也没有自信开展一段新的恋情，工作中他和同事配合得也不好，导致他们小组常常出错。

终于，许岩被孤独感折磨得疲惫不堪，他决定辞职，向心理医生求助。

孤独是一种主观体验，而非客观状态。现在有许多年轻人都像许岩一样，内心被孤独这种令人不愉快的负性情绪侵蚀，感到空虚、寂寞、焦虑、无助，甚至绝望。

有心理学家认为，孤独是最让人难以忍受的痛苦。虽然轻微的、短暂的孤独不会导致心理或行为的紊乱，但长期的孤独带来的痛苦是深层次的，它会将未满足的社会需求变为病态，从而引发某些情绪障碍，有害人的心理健康。所以我们在面对孤独时要学会自救，学会调整自己的心态。

因为孤独是每个人所遭遇的内外部环境中种种不利因素共同作用的结果，所以我们想要对抗孤独，也要根据内外部环境调整自己的心态。

1.学会面对失望

即使在成熟的人际关系中，也免不了有让人失望的成分。所以，每个人都应该学会如何面对失望。正确地面对失望，首先要减少抱怨，对他人不抱有不合理的期望。其次要多了解他人的真实意图，从而避免沟通中产生误会。

2. 学会建立自信

很多人的孤独来源于不自信。不自信常常会导致一个人在社交环境中交流困难，从而产生被孤立的感觉。如果其他人都在欢快地聊天，只有你插不进话题，也无法融入对话，这时尴尬、孤独的感觉都会将你淹没。

想要克服不自信的情绪，首先要彻底剔除自我否定的想法，多学习，让自己变得博学，以此来建立自信。其次要设立一个可完成的目标，通过完成这个目标建立自信。当你不再是一个自怨自艾的人，就会受到欢迎。

3. 拒绝一味索取

一味索取的人都是被惯坏了的孩子。这类人对爱永远是无度索求和不满足的，怪别人没有对自己付出更多，然后形成恶性循环，导致自己交不到朋友，也无法被人理解。

拒绝一味索取就要习惯从自己身上找原因，而不是总归罪于他人。对他人的付出要抱有感恩之心，不追寻别人对你付出所谓的“最爱”，而是用心感受身边的每一点爱意。

4. 保持合适距离

保持合适距离，是指与身边人建立起相互信赖的关系，既不过分依赖他人，也不轻易越界。合适的距离是融洽人际关系的开始，只有彼此都有边界感，才能让自己渴望被关心时得到关心，还不会因为他人的越界打乱自己的节奏。

别把“一个人”的状态当成“孤独”

因为害怕孤独，很多人不喜欢“一个人”。比如一个人坐公交，因为担心坐过站只好强忍困意；一个人去旅行，拍了好看的照片也无人分享；一个人去医院，点滴快完了，却没人帮忙叫护士……种种情形都让大家害怕“一个人”的状态。

那么，“一个人”的状态就是孤独吗？当然不是。现代社会，年轻人大多追求个性与自由，很多人甚至觉得一个人的时候才是最自在的状态，因为只有一个人的时候，你才完整地属于你自己，所以“一个人”的状态并不一定就代表孤独。

孤独是一种主观体验，并不由哪一种状态决定的。当一个人独处时也能感到满心欢喜，那么独处对他来说就是一种享受，而当一个人独处时感到空虚寂寞，渴望有人陪伴，那就是孤独了。

“一个人”的状态有时候是一种主观选择，有时候也可能是被迫独处，那么怎样的独处才算是孤独的呢？

总是独来独往的温青，也有这种困惑。

温青从小就个性独立，凡事都不喜欢麻烦别人。高中毕业后，她不顾父母的反对，选择到离家乡很远的城市求学。毕业后，温青和大多数追梦的年轻人一样，想要留在这座大城市。没多久，温青就通过自己的努力，找到了一份满意的工作。之后，租房、搬家都是她一个人完成的。虽然当地也有关系不错的同学，但是温青从没想过去麻烦别人。

工作后，温青和同事之间，除了交流工作上的事，私下并没有多少交集。她有一个奇怪的原则，那就是不要和同事做朋友。

休息时，温青就自己一个人健身，做饭，阅读，整理自己的家。在她心里，好像根本没有孤独的概念。她非常享受独处的自由，每一天都用心和自己相处。生活中，不论大小困难，温青都能自己解决。就算是水管爆裂，温青也能有条不紊地处理。在温青的观念里，没有什么事是一个人解决不了的。直到有一天，她要做个阑尾炎的小手术，当她痛得弯着腰，一个人在医院排队时，忽然感到了一丝孤独。这让一向坚强的她有些害怕起来。

这时，一个平时关系不错的同事知道后，主动过来陪她。同事还特地带来了自己熬好的粥。温青坐在病床上，吃着同事的爱心粥，同事突发感慨："一个人独自在外漂泊，外卖再好吃也有吃腻的时候。有时候好怀念家里的饭香味儿，唉，人就是这样，离得近觉得烦，离得远又想得慌。"

温青听着同事不算牢骚的牢骚，心里忽然有些触动。毕业后，她就很少回家，有时确实会想念妈妈做的饭菜。这就是孤独的感觉吗？以后自己还能坦然享受一个人的时光吗？

难道“一个人”的状态注定要变得孤独吗？

一个人即使享受独处的时光，偶尔还是会感到孤独。这是为什么呢？因为，作为社会人，我们都有表达的诉求，也有倾听的欲望。而一个人独处久了，可能会丧失与他人交流的机会和欲望，这时你可能就会感到孤立无援，因为无人倾听而感到孤独。

那么，这种偶尔的孤独感值得我们警惕吗？我们究竟该怎么判断一个人的状态到底是不是真正的孤独呢？

要分辨什么是真正的孤独，就要了解孤独的几个特征。

1. 害怕主动

孤独的人害怕主动，他们不敢主动联系亲朋好友，可能是怕被人拒绝，也可能是不知道说什么，这会让他们越来越自我封闭。这种人容易患得患失，如果他们主动找人聊天，别人回复得慢了一点，他们便会怀疑是不是自己哪里得罪人了。

2. 被动独处

孤独的人会变得很“宅”，不喜欢出门。在别人看来可能觉得这个人性格孤僻，却没有想到他可能是被动独处。因为无论是工作日的业余时间还是周末，都没有人邀约，只好宅在家里，没有人知道他的孤独，除了他自己。

3.感怀念旧

一个人变得越怀旧，就越容易孤独。因为，总是感慨过去的时光多么美好，就代表了对现状的不满。因为现在的生活总是有太多遗憾，所以才会怀旧。怀旧会让人陷入纠结，越怀念，越孤独，越孤独，越怀念。

4.害怕聚会

孤独的人害怕热闹，不再喜欢参加聚会。在他们眼里，聚会通常是无意义又无价值的应酬，他们甚至还会认为聚会上的人推杯换盏，看似热闹，其实世故到虚伪的程度。这并不是一种焦虑症，而是孤独惹的祸，倘若能融入热闹中，他们就会暂时脱离孤独。

5.沉迷虚拟

孤独的人容易沉迷于虚拟空间里。因为网络中，大家可以戴着面具自由表达，而且容易找到志同道合的朋友。但是那些网络上的活跃分子，一到线下活动就开始打退堂鼓。现实生活中这类人比较害怕表达，才会感到孤独。

孤独和“空虚寂寞”并不总能画上等号

网上曾有句流行语叫“空虚寂寞冷”，多用来调侃单身的凄凉。当一个人无所事事，找不到生活目标时就容易感到空虚寂寞，很多人觉得这就是孤独。那么，“空虚寂寞”是一种什么状态呢？

空虚是一个心理学名词，指的是百无聊赖、闲散寂寞的消极心态。空虚通常是由于不思追求、无所事事造成的。空虚的人普遍缺乏精神支柱，而精神支柱是一种积极的心理暗示，能激发人不断进取。缺乏精神支柱的人就会产生无所适从的茫然感，会感到生活无聊、心灵空乏，最终就会导致寂寞难忍。

通常两种情况会让人感到空虚寂寞：一种是物质条件优越，无须为生活烦恼，因此没有人生目标，整日无所事事，自然会感到空虚；另一种是精神上消极盲目，没有树立合理的人生目标，自己向往的生活难以企及，因此不停否定自己从而停滞不前，结果无所追求，导致心灵虚无，精神无从着落。

许多人一旦感到空虚寂寞就以为自己是孤独的。夏曦就是这样的人。

夏曦总是标榜自己是一个孤独的人，但是熟悉他的人都认为他只是空虚寂寞而已。夏曦辩解说，他朋友圈好友那么多，但是翻来翻去却找不到一个可以谈心的人。朋友问他，你真的主动去找一个朋友好好倾诉了吗？

夏曦沉默下来，开始反思自己。

夏曦知道自己是一个懒散的人，他空有远大的志向却并不愿意为之付出努力，又缺乏行动能力，一旦达不到目标就会怨天尤人，觉得自己运气不好。

夏曦还喜欢否定一切。他听不进别人的意见，认为别人的经验并没有什么值得借鉴的地方。遇到问题时，他也不从自己身上找原因，而是习惯性地否定一切，蛮横粗暴地将错误归咎于他人。

夏曦经常寻求刺激，为的就是表现自己。他觉得只有刺激冒险的项目才能表现自己与众不同，说白了就是找存在感。

夏曦不喜欢自己现在的工作，却总是假装忙碌，其实就是通过心理上的自我欺骗来缓解焦虑。他知道自己胸无大志，无所追求，当一天和尚撞一天钟，整天浑浑噩噩地混日子。

夏曦虽然有这样那样的问题，但是性格大大咧咧，交到了很多朋友，业余生活一直都很充实。他觉得自己并没有被别人孤立的感觉。

反思过后，夏曦困惑起来，像他这样不缺乏社会联系的人，算是孤独的吗？

不可否认，空虚寂寞也会导致一些心理问题，但我们不能把它与孤独混为一谈。孤独不是无所事事，孤独是社会需求得不到满足，缺乏社会联系而带来的“离群”感。所以，只有正确地认识两者的区别，才能对症下药，解决自己的问题。那么空虚寂寞都有哪些表现呢?

1.充斥着虚无感

当一个人体会不到事情发生的意义时，自然会感到空虚。而所谓的意义就是成就感以及存在感的集合。当你找不到存在的意义时，内心就会充斥着虚无感，虚无感将打破你和他人以及世界之间的联系，是一种秩序感的丧失。这时你会觉得自己不被需要，也没什么存在感，心里必然是空虚而且混乱的。

2.沉溺于价值评定

当你反复衡量一件事情是否有价值时，你就会感到空虚。因为你不停地反思工作、学习、娱乐的价值时，并不是因为你珍惜时间，而是空虚带给你的一种错觉，让你觉得自己是在浪费时间。但你的反思并不会促使你改变自己，只会让你产生无价值感，造成心理上的焦虑不安，继而自我否定，产生无解的空虚。

3.执着于无解的问题

当你执着于一些无解的问题时，比如“我存在的意义是什么?”“是不是该相信命运?”“人生有既定轨迹吗?”等等，你就会越来越空虚。因为这些哲学层面的问题，并没有唯一而正确的答案，执着于这些无解的问题只会给你带来空虚感，而这种空虚感又会迫使你不停地思考这些问题，最后形成一个恶性循环。

4.急于表现自己

内心空虚的人总是急于表现自己，因为知道自己存在的诸多不足，才会欲盖弥彰地想要在人前刷一下存在感。而那些内心充盈，有真才实学的人反而谨慎谦逊，从不过分表现自己，因为对自己自信，才不会感到空虚。

如果你发现自己存在上文所提到的四种情况，说明你的内心已经很空虚了。想要克服这种空虚寂寞的心理，关键在于要找一个精神支柱，一个可以实现的目标，并为之努力奋斗。同时，还要杜绝过度自我关注。因为过度自我关注会形成意义困境，执着于追求一个所谓终极的、正确的答案，是一切空虚的根源。

孤独感：一种重要的心理保护机制

“依恋理论之父”英国心理学家约翰·鲍尔比认为“所有动物都有和同伴保持紧密联系，避免被孤立的本能”。可见，人类作为社会动物，对社会联系的需要有多真切。而当我们的社会联系需求得不到满足时，就会感到孤独。

孤独无疑会给我们带来痛苦，甚至可能造成生理上的疾病。但是孤独带给我们的也不全是消极影响，当你感到孤独时，说明你是社会的一员，而不是脱离主流社会群体的边缘人。

所以，孤独就像生理上的疼痛，对我们来说更像是一种重要的心理保护机制。当我们感到孤独时，就说明我们所需的社会联系已经变得脆弱了，这时我们就要改变行为，着手修复人际关系，重新进入满意的关系与纽带中。因为，满意的人际关系是幸福的前提。

虽然孤独是一种重要的心理保护机制，但是很多人一旦感到孤独就会变得非常恐慌，急于寻找出路，却不知如何是好。韩茜就曾有过这样的困扰。

韩茜在一个小县城里长大，周围都是熟人，甚至连小学和中学的老师都是自己亲戚。她上大学之前都是生活在这样一个熟人的圈子里。然而，关系密切的熟人圈并没有让韩茜感到舒适，相反，她一直想逃离这个小圈子，因为生活在周围都是熟人的环境中让她觉得没有自己的空间。而且她从小就多愁善感，虽然有家人和朋友陪伴，却常常有一种不被理解的感觉，莫名地就会感到孤独。但是曾教导过韩茜的一位老师却觉得她只是从小被宠爱得太好，有些任性罢了。

考上大学后，韩茜终于有机会逃离熟悉的小县城，来到自己向往的城市读大学。韩茜原以为到了新的环境，终于可以拥有自己的空间，交到新朋友，过上理想的生活。万万没想到，韩茜并没有如自己所愿顺利交到新朋友。因为从小在熟人圈生活，导致韩茜并没有很好的交际能力，她不习惯向他人敞开心扉，也不知该如何主动交际。进入大学后，韩茜还是只能通过和家人联系才能满足自己的情感需求。

韩茜比小时候更加忧郁，她甚至开始怀疑自己是不是注定就要过这种孤独的生活。没多久，韩茜就开始失眠，并且变得焦虑。读了一年大学后，韩茜不仅胖了10斤，还比以前更加自闭了。新的环境并没有改变韩茜，她仍是那个时时会感到孤独的小女孩，她不知道自己为摆脱孤独所做的努力为什么没有奏效，到底是哪里出了问题。

韩茜远离了自己不喜欢的熟人社会，为什么没有摆脱孤独感呢？

作为社会人，我们每个人都离不开社会联系，对社会联系的感官体验，潜移默化地影响着我们。良好的社会联系会带给我们积极的影响，让我们感到快乐，而无意义的、错误的社会联系则会让我们痛苦不堪。孤独就像一种疼痛，提醒着我们远离不良的社会联系，重新建立正确的社会联系。

韩茜离开家乡，独自到远方读书并没有让她摆脱孤独感，主要是因为她没有正确认识自己的社会需要。她急于逃离幼年时建立起来的有家人陪伴的社会联系，却没有反思自己需要什么样的社会联系。只有认清什么样的社会联系更有意义，更适合自己，更能满足自己的需要，才是摆脱孤独感的关键。

那么如何识别匹配自己的社会联系呢?

1.孤独的原因

孤独的原因有很多种，可能是失去了亲人或朋友，可能是个人价值得不到实现，也可能是情感需求得不到满足。想要摆脱孤独，首先要识别自己孤独的原因是什么，比如案例中的韩茜，她需要的就是思想上可以匹配的倾诉对象。

2.自己的需求

孤独是一种主观体验，会随着一个人所处的内外部环境的改变而改变。如果能够确定自己的需求，建立可以满足自己情感需求的社会联系，就可以让自己不再有孤独感。比如，如果你需要的是和爱人的相互扶持，那么可以尝试去谈一段恋爱；如果你需要的是工作伙伴的紧密配合，那么就换一个富有活力的工作。这些努力都可以帮助你摆脱孤独。

3.最终的目标

孤独是一种心理上的“疼痛”，是社会关系变脆弱的信号。我们不能简单靠逃离旧的社会联系，或改变自己的形象，或通过阿Q

精神来克服。我们的最终目标是建立积极的社会联系，孤独感让我们更注重社会关系。只有我们对与别人之间的纽带感到满意和放心时，我们才能感到幸福。

人际孤独：和他人隔离

美国加州大学圣地亚哥分校精神病学和神经科学教授迪利普·杰斯特认为，孤独是由于缺乏令人满意的人际关系而造成的痛苦，而非独处。所以人际孤独可以说是一种社交孤独，是由于缺乏社交技巧或与他人形成亲密关系的能力而产生的孤独。

人际孤独者往往是人际交往中的被动者，他们不能及时融入集体氛围中，习惯于默默地待在某个角落，更像是一个局外人。他们也极少甚至从不主动发表自己的观点，因而很少受到其他人的关注，这让他们在人际交往中更容易感到孤独。

职场新人杨雯就是深受人际孤独困扰的受害者之一。

“不知道为什么，我总是感到好孤独。”

进入职场在人际关系中备受煎熬后，杨雯终于鼓起勇气向心理医生说出了自己的心声。

杨雯，22岁，职场新人。这天下午，她风风火火走进心理咨询室，等情绪平缓些后，才苦恼地诉说：工作这段时间她过得很压抑，如果再不找人倾诉一下，很担心自己会情绪崩溃。职场上，杨雯一直过得很压抑，她在工作中既不会表达自己，又不能理解他人，人际交往出现的严重问题，让她感到非常孤独。

她的家庭条件不错，从小并不缺乏关爱、关心，在学校成绩也很优秀，深受老师的喜爱。按理说，她在人群中应该是活泼开朗，深受欢迎的人。但是，杨雯从小就身处人际关系带来的困扰之中。读书时，与同学相处对她来说一直就是一件很痛苦的事，她觉得周围人都不可信，许多同学喜欢在背后议论别人的不是，很虚伪，也很虚假，她因此也很少将心里话告诉别人。

工作后，杨雯在人际关系中的孤独感更加严重。她觉得自己对人真诚，但别人却常常无法理解她的话。这种情况下，她自己的理解能力也严重下降，注意力难以集中，有时还要别人重复一遍，她才能理解别人的意思，这甚至让她变得惧怕与陌生人的眼神交流。至于像聚会、聚餐之类的群体性活动更与她无缘。

就这样，杨雯觉得自己做事做不好，交流有问题，沟通能力欠缺，给人的感觉就是难以相处。长此以往，她在别人眼中变得越发阴晴不定，她自己也觉得难以控制自己的情绪。

像杨雯这样的人际孤独受害者在年轻人中并不少见，他们深受人际孤独的困扰，既渴望与人交往，却又惧怕人际关系，不知如何改善自己的人际关系，甚至让他们放弃了与人交往的想法。

英国经济学家亚当·斯密提出的“社会人”假设认为，人具有社会性的需求，人与人的关系和组织的归属感比经济报酬更能激励人的行为。

因为人作为群体性动物，从出生那一刻起就注定要纠缠于关系之中，家庭、亲子、同事、朋友等，是每个人都逃不开的社会关系。认识、了解、感悟和把握各种人际关系也不可避免地成为每个人事业成功和生活幸福的必需环节，也是个人发展和心灵成长的必经之路。

不良的人际关系是人际孤独产生的根本原因。人际孤独也指人们感受到的寂寞，意指与他人分离（和他人隔离）所带来的“孤岛感”。人际孤独者大多不擅长与人交往，并且在与人交往的技巧上习得性无助。他们既缺乏沟通技巧，对他人的人际感觉判断也没有一个正确的认知，不知怎样与人建立良好的关系，最终影响到正常的人际交往和工作。

所以，人际孤独者不仅需要了解与学习如何与人相处，还需要提高情绪智力，并做一些相应的技巧练习。我们可以参考以下几种方法，来慢慢调整人际交往模式与认知模式。

1."觉察力"是维护人际关系的关键

"觉察力"的觉醒是个人改变的开始，也是人际关系改变的开始。因为人如果启动自我调整的功能，做到自我觉察，人际关系和生活必然正向发展。那么自我觉察是什么呢？

自我觉察是指自我概念的觉醒，是个体接触到或感觉到自己正在做什么，借着觉察，个体将发现真相，重新整合自己且强化对自我的管理。个体的"觉察力"可以提供更多选择，"觉察力"越敏锐，个体的改变机会也越多。虽然觉察是改变的开始，但困难的是原来的很多模式已深入骨髓。觉察提供了整套的方法让我们看到潜意识里那个不知道的自己，打破以往的平衡，走出舒适圈，从而改变自己，改变生活。

2.给予理解，寻求深层次联结

人们体会过真正的理解与支持，才会对人际关系更加乐观。所以在人际关系中，要学会换位思考，给予理解。当我们主动给他人以理解时，即使一时缺乏理想中的联结，也不会长久地陷入孤独中，而是会更耐心、乐观地寻找理想中的联结。深度理解与支持是良好人际关系的基础，只有与他人建立深层次的联结，才有机会走出孤独。当然，过犹不及。一味地为他人着想反而可能造成对自我存在感的迷茫，进而影响个体与他人接触的意愿。因此如何把握好度是构建良好人际关系的关键。

3.多留意他人的举动，练习交往技巧

人际交往不仅需要真诚、热情，也需要技巧。有的人因为没有掌握交往技巧而失去朋友或得罪他人，从而破坏了自己的形象。而学会多留意他人的举动，是改善人际交往最简单的诀窍。有时你在与他人交往中会对他人的需求有一些细微的感受，这种需求也许并不明显，也可能转瞬即逝，但是通过观察，你还是可以捕捉得到，并给予反馈。比如如果对方是渴望被关注的，你就可以主动关怀，在满足他人的同时自己也能够有所收获。

心理孤独：和部分自我隔离

心理孤独是指人把自己内心分割成不同部分的过程，是一种自我隔离。自我隔离是一种防御机制，是个体抽离了不愉快体验中的情绪和意识，使得这种不愉快的体验脱离了通常的思维过程。

美国精神医学家哈里·斯塔克·沙利文对这种抽离很感兴趣，他提出了自我系统的概念，主张人生来就有追求满足和安全的需要，在人际关系中逐渐形成了稳定的人格模式。

那么如何理解心理孤独呢？

简单来说，心理孤独就是个体压抑了自我的欲望与情感，与自我的体验、情感、欲望相隔离。心理孤独使个体不再相信自己的判

断，埋没自己，与部分自我隔绝。

现代社会的快节奏生活几乎让孤独变成了常态，心理孤独的人不断增加，杜晓就是其中之一。

“你觉得自己是一个孤独的人吗？”

杜晓在网上看到这个帖子的时候有一种如遭雷击的感觉。他离开南方的小城市独自到北方的大城市打拼已有多年，他觉得自己乐观开朗，从来不是一个孤独的人，只是在网上看到的一个名为“你觉得自己是一个孤独的人吗？”的帖子忽然点醒了自己，让他看到了自己内心的孤独。

帖子说一旦你身边的朋友有了以下三种特征，那么你的朋友就是极其孤独的人了。帖子里的特征他几乎都有：

1.失去了展现自己的欲望。通常来说，人总是希望能够得到别人的关注和认可，但是杜晓在努力融入这座大城市后，慢慢选择了一种相反的方式去对待周围的人和事，那就是尽量去减少和外界的接触。甚至他常常觉得以前那些努力展示自己的行为都是可笑的、多余的，在他的世界中从来就不需要获得过多的认可。

2.很少表达自己的内心，专注倾听别人的感受。其实很多孤独的人都是很难看出来的，以至于杜晓一开始并没意识到自己孤独。因为他平时能正常和别人往来，别人并不会产生多余的想法，最多认为他稍微内向一点。杜晓越来越发现自己不愿意去表达自己内心的想法，而是只关注别人的感受。他很少倾诉自己遇到的各种烦心事，而是选择闷在心中，通过自己解决一切，不去麻烦任何人。

3.生活更加随性。杜晓发现自己的生活越来越随性，他不再像以前一样去追求所谓的格调，而是只在意自己的生活是不是自己想要的，他更多追求的是生活中的特立独行的乐趣。这让他比一般人更难找到合适的伴侣，毕竟找到能够在精神上一起携手的伴侣并不是一件易事。

杜晓就是这样将自己的一部分隔离开，变成了一个心理孤独症患者。

现代社会中像杜晓这样的心理孤独者不在少数，心理孤独给他们带来了强烈的焦虑与痛苦，意味着与他人甚至自己的隔绝、分离。但是我们却无法百分之百地消除孤独。因为孤独是一种奇妙的东西，它不像高兴、悲伤、痛苦……可以自由表达。孤独无法被表达，也不能被感知，但是如影随形，无论我们是高兴、悲伤还是痛苦，孤独都可能存在。

那么，如果我们不能抗拒孤独，我们该如何与孤独相处呢？

大多数人或多或少都经历过一段孤独的时期。也许是年少时到一座遥远的城市求学，又或者因工作搬到一个新的地方开始全新的生活。这些情境中，有人能够享受孤独的乐趣，自得其乐，而有些人却做不到，不安、陌生的社交环境让他们备感煎熬。如果你不能享受孤独，并且因为孤独而焦虑不安，不妨尝试下面几种方式，从认知与行为上做一些改变，让自己能够更好地面对孤独。

1.承认孤独的存在

想要和孤独和平相处，首先要承认孤独的存在。因为孤独不可控也不能被消除，只有接受它，孤独才能成为一种积极的体验（譬如享受独处）。而一旦你与孤独激烈对抗，也许就会产生一种消极的体验（譬如感到孤单或隔离）。欣然接受孤独的现实并不意味着你有什么问题，这仅仅意味着“孤独”并不是当前需要关注的重点。

2.和自己融合

一种错误的观念是，人只能和另一个人建立起有意义的关系。而当你身处孤独时，你所拥有的最重要的关系就是你和自身的关系，那就是与自我融合。

人可以借着与更宏大的“某物”融合，比如某个团体、使命、秩序、项目，摆脱孤独的感受。人也可以通过微观的情绪与自我融合。自我的融合状态可以让自己享受独处，更关注自己的内心，从而削减孤独感。

一旦你找到了自我融合的方法，就可以为自己提供情感上的支持和鼓励，去努力实现新确立的目标。

3.制订日常计划

人之所以会感到孤独，大多是因为没有值得期待的日常活动。当你每天的日程都排满了约会和未完事项，你通常会因为繁忙感觉不到孤独。而当你独自一人时，你就很难建立这些日常行程。为了对抗这种无计划的消极状态，去挑选一些你喜欢做的事情，然后以预期的美好方式打造每一天。制订日常计划后，你就会发现，期待感又重新回到了你的生活中，孤独感自然而然就放过了你。

存在孤独：个体和世界的隔离

人际孤独、心理孤独和存在孤独之间有着密切的联系，会给个体带来相似的主观体验。而存在孤独是三者中最深层次的孤独，是个体和世界的隔离。虽然人类是社会动物，拥有各种各样的社会联系，但是每个人都是完整的个体，无论你拥有多么美满的亲情、友情或者爱情，无论你与他人间的关系多么密切，你都必须独自存在，独自体验人生，在生命尽头独自离开。因为，一个人无法完全与他人分享自己的意识内容，你永远都是独立存在的个体，身体和情感都有着清晰的边界。所以，存在孤独也是个体和其他生命之间存在的无法跨越的鸿沟。

存在孤独是与生俱来的。我们也许可以摆脱人际孤独或心理孤独带来的困扰，但是我们却无法摆脱存在孤独，因为无论何时，存在孤独都始终存在，存在孤独不会消亡，甚至与死亡共存。当我们一路成长，开始独立生活，脱离家长的掌控后，就意味着个体逐渐从家庭这种融合的状态中分离，并走向自由。这时我们已经可以自由地为自己做决定，却时常伴随无助感和不稳定感，这就来自存在孤独。

所以，当人们从融合的状态中脱离时，便会从人际孤独转向存在孤独。许冉就是独立生活后，开始体会到存在孤独的。

许冉如愿以偿地到外地工作后，却没有如自己想象般有种获得自由的感觉。相反，他开始感到孤独，不是远离亲人的那种孤独，而是即使身处热闹人群中也会如影随形的那种孤独感。这种孤独感，无论如何都排解不了，即使他交往了一个善解人意的女友也没有得到改善。

在外地工作半年后，许冉开始持续失眠和精神紧张。他非常害怕夜晚的到来，失眠让他痛苦不堪，特别是夜深人静时，听着时钟嘀嗒作响，他更是着急和紧张，这样一来反而更加睡不着了。而白天的工作又需要他集中精神才能应对，连续失眠让他萎靡不振，又如何能提起精神面对工作呢？

许冉渴望周围人的理解和关心，却和关系最好的一个同事闹掰了。因为这个同事察觉到了许冉的异样，询问过后没有安慰他，只是嘲笑一个大男人怎么那么多愁善感。虽然人类的悲喜并不相通，许冉还是因为他不了解情况就对自己武断评价这件事耿耿于怀。他甚至开始有点讨厌这个同事，觉得他神经大条，情商过低。但是他又不愿因为这件小事失去这个朋友，怕自己真的成为同事口中多愁善感的人。

许冉对未来也感到迷茫，他不喜欢自己所在的行业，想要转行却不知从何做起。他不知道自己应该现在跳槽，还是先忍耐一段时间积累了资本再说。女友不干涉他的决定，这本是件好事，但是这让许冉更加感到孤独。未来的不确定性让许冉无所适从，他感觉生活没有意思，工作没有意思，一个人来到世上注定要独生独死，一切都那么虚无，没有意义。

许冉面临的无疑就是存在孤独。存在孤独就是无人能懂我，无人能代替我受苦的感受。人在生命结束时，亲人会痛哭流涕，但这个人还是会死去，他的亲朋好友还是会继续活下去。而你经历痛苦时，朋友虽然耐心地安慰你，但能体会这痛苦的仍然只有你一个人。人永远代替不了另一人的悲喜，所以人总会在某些时候感觉无能为力，彻底被孤独感、绝望感所包围。这就是存在孤独给人带来的痛苦。

存在孤独是不能消解的，无论多亲密的关系都不能够消灭这种孤独。个体必须承认存在孤独，并且坚定地去面对它，这样才能更好地与他人建立亲密关系。

成年人为了抵御孤独，会下意识与他人建立各种亲密关系，有人在绝望中甚至会选择两种极端的行为。一种是掌控他人，不许他人逃离自己，要求他人必须从属于自己，这样就能永远地拥有他人。这是一种暴君的逻辑，其背后很可能是对孤独更深刻的恐惧。

另一种截然相反，是甘于被他人掌控。这种人甘愿从属于他人，为了维持关系，不被抛弃，不惜永远顺从他人。这种受虐心理的背后，也很可能是对孤独的深刻恐惧。

以上两种极端做法不仅不会与他人建立亲密联系，往往还会事与愿违，破坏关系。因为无论剥夺他人，还是放弃自己，以此换取的关系注定都脆弱不堪。失败的关系会引发更强烈的焦虑，从而加速破坏关系，陷入关系的恶性循环。

拥有一份健康的关系才是对待存在孤独的正确方法。在健康的关系里，人与人之间的感情是真诚的，没有救赎，没有掌控，也不是彼此利用，而是全然地接纳。拥有健康的关系，并将它内化于心中永存，这样才不会害怕孤独，哪怕孤独会永远存在。

害怕孤独的人，拥有什么样的性格特征？

一般来说，离开原有的交际圈，就有失去原有社会联系的危险，这一外部环境的改变很有可能会导致孤独感的产生。所以，那些失恋的人、友谊破裂的人，或者因为工作变迁必须到外地生活的人，更容易感到孤独。

人们对社会联系需求如此强烈，以至于一旦失去某些社会联系就会产生孤独，所以容易感到孤独的人并不少。但是有些人可以坦然面对孤独，享受孤独，有些人却害怕孤独，避之如蛇蝎。那么，什么样性格的人会享受一个人的状态，而什么样性格的人更害怕孤独呢?

乐观开朗的人，孤独经常会令他们去思考如何调整自己去适应现在的生活。所以就会有享受孤独，不是他们对孤独无所畏惧，而是他们已经从孤独中体验到更加可贵的内容。孤独无法避免，它是每个人难以逃脱的关卡，也是每个人一生必须接受的一种境界。

而那些害怕孤独的人也许真正“独自一人”的时间并不多，之所以害怕孤独，是因为他们内心缺乏安全感。缺乏安全感的人容易患得患失，优柔寡断，这让他们不敢去接受美好的事物，又害怕改变。所以外部环境的变化或者亲密关系的改变更容易让他们焦虑，因为他们对社会联系的改变更敏感，所以更容易感到孤独。

杨凌就是一个非常害怕孤独的人。

杨凌在朋友中是公认的存在感低的人，但她还是很喜欢参加朋友们的聚会，即使聚会时她大部分时间都是一个人安静地坐在角落里。杨凌喜欢热闹的地方，因为她非常害怕孤独。

杨凌的性格内向，但是观察力很敏锐，对每个朋友的喜好都如数家珍。因为她害怕孤独，害怕自己被抛弃，所以她对身边的人和事物都没有安全感，总是不自觉地去讨好别人。对爱人也一样，杨凌总是表现得百依百顺。

杨凌经常会担心朋友不喜欢自己，要是有哪个朋友对她稍微冷淡点，她就会担心是不是自己做错了什么，得罪了对方。为了重新获取朋友的好感，她会刻意讨好这个朋友，迫使对方重新对她热络起来。这样的行为也给她身边的朋友带来了很大的压力。

杨凌性格内向，在意别人的看法，而且对自己非常不自信。她不喜欢去追求成功，也不喜欢在工作上过分表现。因为她害怕自己工作出色会被同事误会爱出风头，别人的一点负面评价都有可能让她的内心感到不安。

杨凌的疑心也特别重，不喜欢陌生的环境和事物。进入陌生环境后，她会习惯性地提高警惕，害怕会因为犯错误而被人责备。

除此之外，杨凌的内心还隐藏着悲观的情绪，只要出现交友不慎的情况，她的内心就会变得恐慌，害怕被人利用和陷害。

孤独是普遍存在的，无论是独处还是群居，我们随时都有可能陷入孤独的包围中。尤其是像杨凌那样内心缺乏安全感的人，更容易感到孤独，也更惧怕孤独。想知道自己是不是害怕孤独的人，我们要先来了解害怕孤独的人都有哪些性格特征。

1. 缺乏安全感

害怕孤独的人一般内心都缺乏安全感。他们大多是讨好型人格，在感情上敏感多疑，却无法准确判断别人的情绪，怕伤害别人也怕受到伤害，所以处处寻求安全感。

他们不太擅长人际交往，总觉得自己和他人格格不入，害怕自己的行为引起别人的反感，所以不敢轻易表露自己真实的情感。在很多社交活动上，他们只好极力让自己看起来和别人关系融洽一点。

缺乏安全感的人还会不断地在他人面前展示自己的成就，或者用故意谦虚的方式夸耀自己，目的是希望获得他人的赞美或认同，引起他人的注意。

2. 害怕改变

害怕孤独的人非常抵触生活中的改变，任何改变都可能让他们感到焦虑和不安，包括生活地点的改变，结识新朋友，或者接受新工作。当他们远离了熟悉的环境时，他们更容易感到烦躁和焦虑，情绪变化更加激烈。

3. 患得患失

害怕孤独的人往往患得患失，优柔寡断，所以不敢去接受美好的事物，他们从内心深处认为自己没有那么好的运气。如果一件事不能百分之百确定，他们宁愿相信这不可能。

4.崇拜强者

害怕孤独的人还会经常感到迷茫，不知道自己的生活方向，不知道自己该追求什么。所以，他们倾向靠近那些内心强大的人来引导自己。如果你周围都是那种看起来很具有安全感的人，比如能力很强或者乐观开朗的人，那很有可能是你因为缺乏安全感而不由自主地选择的。

小测试：你的孤独感指数有多高？

研究人员一般使用一种叫“UCLA孤独量表”的心理学工具来测试一个人的孤独程度。它包含了20个不分对错的问题，这些问题并非针对性信息，而是关于人们的一些普遍感受。

1.你感到和周围的人无话可说吗？

2.你感到自己缺少同伴吗？

3.你感到没有人可以帮助自己吗？

4.你觉得孤单吗？

*5.你觉得自己是某个交际圈的一员吗？

*6.你觉得自己和周围的人有很多共同点吗？

7.你觉得自己身边没有任何关系亲密的人吗？

8.你觉得自己的兴趣和想法与周围的人都是不同的吗?

*9.你觉得自己是开朗和友好的吗?

*10.你感到自己和别人亲近吗?

11.你感到自己被孤立吗?

12.你觉得自己和别人的关系是不重要的吗?

13.你觉得没人真正了解你吗?

14.你觉得自己从人群中孤立出来了吗?

*15.你感觉如果你愿意，就可以找到同伴吗?

*16.你觉得有人真正了解你吗?

17.你感到害羞吗?

18.你感觉人们只是生活在你周围，但与你毫无瓜葛吗?

*19.你觉得自己有倾诉对象吗?

*20.你感觉有人可以帮助自己吗?

每个问题的答案都分为4个等级。

问题前标有星号的依据下面的等级计分:

1=经常，2=有时，3=偶尔，4=从不

问题前未标有星号的依据下面的等级计分:

1=从不，2=偶尔，3=有时，4=经常

如果你的得分大于或等于44分，说明你的孤独感很强；如果你的得分低于28分，说明你的孤独感很弱。大部分人的得分都介于33分到39分之间。

第二章

探寻孤独的心理根源：你为什么总是不合群？

独立意识：成长是一条孤独的路

美国埃默里大学的英语教授马克·鲍尔莱因曾说过："一个人成熟的标志之一就是，明白每天发生在自己身上的99%的事情对于别人而言根本毫无意义。"这句话充分说明了每个人都是一个独立的个体，需要独立面对困难，独立生活，独立完成很多事情。能不能独立，是一个人成熟与否的重要标志之一。

人是社会动物，自出生起就会进入一个复杂的社会网络系统之中，每个人和外界的人、事、物都有着各种各样的密切联系。如果我们在成长的过程中没有独立意识，方方面面都离不开他人的照顾和帮助，久而久之就容易产生依赖的心理和习惯，失去应有的独立性，而缺乏独立自主精神的人更容易感到孤独。这就是许多人觉得越长大越孤单的原因。

下面这个案例中，杨谦就因为拥有很强的独立意识，帮助自己抵抗了孤独感。

在外人看来杨谦总是形单影只的，很多时候他都是独来独往。同学们经常看到他一个人上课下课，一个人吃饭，一个人安静地看书写作业。在喜欢成群结队的同学们看来，杨谦有些独特。

杨谦的成绩很好，比很多看起来很努力的人都要好。同学们都很佩服杨谦，觉得他是个独立而强大的人，比他们都成熟很多。但是杨谦以前并不是这种性格的人，以前的他并不希望自己看起来是个独来独往的人，所以做什么事都喜欢拉上朋友一起，也尝试着和同学做一样的事情。但是这么做却让杨谦感到很苦恼，他发现这不是自己喜欢做的事情。于是，他不愿再为了讨好同学而去做自己不喜欢的事情。也正因如此，他变得独来独往，看起来像被所有人孤立了。

刚开始，杨谦也有些怀疑自己的选择是对还是错，等他慢慢成长后终于明白，人这一生终究是孤独的，没有谁可以陪你一辈子。所以，人生在世一定要学会自己独自面对这个世界。

杨谦的许多成长都是孤独带给他的。他把那些独处的时光用来提升自己，他的人生目标越来越明确，比起那些不能独自成长的人要强大得多。

并不是所有人都可以像杨谦那么有勇气选择面对孤独、享受孤独。相反，现实中，我们常常因为害怕独自一人而选择和一群人待在一起。我们试图与很多的朋友联系，却在欢声笑语后依旧孤独。在通信发达的今天，我们更易感到空虚。要摆脱这种空虚和焦虑，我们必须明白成长是一条孤独的路，学会独立面对是人生的必修课。

有些人努力追寻一种能够避开孤独的关系，认为爱就是无条件满足，他们觉得如果父母再亲密一点，爱人再体贴一点，朋友再温暖一点，自己就不会孤独。实际上，只要他生活在一个人与人交互的关系里，孤独就一定会发生。所以，孤独并不是评估关系好坏的标准，而是一个人自我意识萌芽的开始。

那么，我们该如何培养自己的独立意识呢？

1.学会精神独立

精神独立是一个人独立的前提，只有精神独立才不会遭受鄙视和遗弃。而积极主动是培养独立意识的第一步，只有积极主动地向他人学习才能尽快提高自身的能力。能力达到了，独立自主的意识自然就产生了。

2.培养独立习惯

所谓独立习惯就是不依赖他人，而依靠自己解决问题。我们要养成遇到问题先自己想办法解决，解决不了再考虑借助他人的习惯。只有把依靠自己放在首位，且养成良好的习惯，才能做到真正的独立。

3.不怕困难挫折

独立意味着会遇到更多的困难和问题，面临更多的考验。这时一定要相信自己能够掌控事态的发展，要有克服困难和挫折的信心和勇气。吃一堑，长一智，我们在解决问题的过程中也会提高自己的能力，并从中获得更长远的利益。

自我意识：为什么你总是站在人群之外？

自我意识是指个体对自己身心状态的认识、体验和愿望，其对人格的形成、发展起着调节、监控和矫正的作用。自我意识太强的人更容易感到孤独，因为这类人更关注自己的内心世界，往往会很敏感，也容易情绪化。所以，可以说自我意识太强的人必然是孤独的人，而孤独的人往往也是自我意识太强的人。

具有强烈的自我意识原本应该是走向成熟的一个标志，有助于个体树立自尊、自信、自立、自强的观念。然而，凡事过犹不及，自我意识过于强烈，也会形成性格上的缺陷。

自我意识过于强烈的第一种表现是自我评价过高。个体往往会不切实际地高估自己的能力和长处，忽视自己的缺点和短处。这类人遇到挫折时不会反思自己的问题，而是喜欢把责任推到他人或外部环境上。他们在人际交往中也不太受欢迎，因为总喜欢居高临下，对别人颐指气使，会给他人带来不愉快感。

自我意识过于强烈的第二种表现是自尊心过强。自尊心是一种与自信心、责任感、荣誉感密切相关的积极心理，但过强的自尊心会把人带入以自我为中心的误区，导致他们听不进别人的批评，看不到自己的错误，从而引发人际冲突或心理困扰。

自我意识过于强烈的第三种表现是独立性过头。过分强调独立的人喜欢我行我素，常常忽略别人的感受，一旦事情不能如自己所愿就容易愤世嫉俗，产生负面情绪。

很多自我意识过剩的人都觉得自己是特立独行的，苏影就是这样的人。

苏影的生活一直比较顺利，从小家境优渥，父母宠爱，一直到高中成绩都名列前茅，是典型的“别人家的孩子”。作为一名优等生，苏影却一直有点不合群，因为她总是觉得自己比同龄人成熟很多，和班里的同学都玩不到一起。上了大学后，苏影原本以为大学同学会成熟一些，没想到室友们也只会凑在一起追剧、K歌、玩游戏……时间长了，苏影觉得自己和室友们也不是一路人，就一直独来独往，成了寝室里最不合群的一个人。

苏影一直自认为成绩不错，没想到期末考试时，她居然是寝室里排名比较靠后的。苏影想不通，室友们不是打游戏就是追剧，为什么成绩还比自己好呢？于是她武断地认为一定是室友们找班里的学霸偷偷要了复习资料，没告诉自己。从此，苏影更不愿意在寝室待着了。

室友出去聚餐邀请苏影，但她宁愿在空教室里坐着也不参加；期末考试完，室友们出去K歌狂欢，苏影就待在寝室里听歌；甚至有一次苏影生日，室友们想给苏影庆祝，都被她拒绝了。就这样，苏影和室友们越来越生疏，直到有一天室友们聊的话题她都听不懂，苏影才意识到自己与她们早已渐行渐远。

有时候，苏影在寝室门口听见室友们聊得无比欢快，可等她推门进去之后，寝室突然就安静了下来。苏影觉得自己被孤立了，她讨厌这种滋味，她一直觉得自己没做错什么，为什么会得到这样的对待呢？

苏影的那些太过自我的行为都是因为自我意识强烈，一切以自我为中心，思想和行动都从“我”字出发，没有对自我进行客观的分析，过分强调自我的正确性造成的。

自我意识是个体在成长过程中逐步形成和发展起来的，一个人自我意识的不断完善，是其人格发展的核心内容。培养正确的自我意识的途径有以下几个方面。

1. 正确认知自我

正确的自我认知是培养积极自我意识的基础。想要正确认知自我，就要参考多方面的评价，包括自我评价和他人评价。整合出自我评价和他人评价中的共通点就是对自己相对客观的评价。你参考的维度越多，越能找到比较正确的自我认知。

2. 客观评价自我

客观地评价自我既要接纳自己，欣赏自己，体会自我的独特性，也要客观对待自己的不足之处。在此基础上体验自我的价值感、幸福感，并弥补自己的不足，只有这样才能理智地看待得与失。

3. 全面了解自我

全面了解自我首先要从生理、心理、社会三个方面来全面深刻地了解自己，找准自己在现实中的位置。其次要多与人交流，多征询他人的评价，通过别人的角度来了解自己。全面了解自我对理想自我的构建、自我的发展以及人际关系的处理大有裨益。

4. 有效控制自我

缺乏自我控制意识的人一般都比较情绪化，容易沉迷于不良嗜好，不利于个人的成长。只有努力自我成长，提高自己的意志力，有效进行自我控制，才能最终实现理想的自我。因此，有效地控制自我是健全自我意识、完善自我的根本途径。每个人都应从增强自我意志力开始，提高受挫能力，提高自控能力，使理想的自我和现实的自我统一。

闭锁心理：你为什么喜欢把内心封闭起来？

闭锁心理是指青少年进入青春期后，心理上出现闭锁性，即出现隐秘的心理特征，是青少年发育过程中的一种阶段性心理现象。闭锁心理的表现是封闭自己，减少交流，隐藏内心矛盾，当矛盾得不到解决时，就会焦虑自卑，甚至自暴自弃。

闭锁心理在青少年身上很常见，当进入青春期后，他们开始有了自己的秘密，不再将心事轻易告诉他人，心理上大都会出现闭锁性。容易出现闭锁心理的青少年一般都性格沉默、孤僻，不善交际，很少与人交流思想。

闭锁心理虽然有闭锁、隐秘的心理特点，一般来说是正常现象。如果性格过于内向，因为闭锁心理变得抑郁、忧虑、苦闷和不安，就可能产生闭锁心理障碍。有闭锁心理障碍的人，经常会处于一种隐蔽的焦虑和不安状态，需要更多的关心。

闭锁心理障碍的产生，大致有以下三方面的原因：一是对自己的期望较高，勉强自己去做无法做到的事情。二是“理想自我”与“现实自我”发生矛盾时，未能做出相应的心理调整，从而发展成心理障碍，导致丧失信心，自暴自弃。三是在心理发展过程中，消极的自我意识未被及时地引导，未转向积极的自我意识。

下面这个案例中，季老师的一个学生沈妍就产生了闭锁心理。

季老师发现她班上的一个学生沈妍从初一下学期开始就变得不像以前那么活泼了。沈妍的性格虽然有点内向，但是她成绩比较好，平时很喜欢帮助同学，所以和同学相处得很好，很受欢迎。而且她在课堂上很活跃，能够积极地回答老师的问题，所以也很受老师的喜欢。可是新的学期开始后，季老师发现沈妍在课堂上不像以前那么积极了，有些问题她明显知道答案，却不会举手回答了。

沈妍的母亲也和季老师反映说，沈妍现在回到家里就喜欢一个人待在房间，和她沟通，她也大多沉默应对。过去沈妍的抽屉从不上锁，现在也锁了起来，好像怕家长知道自己的秘密似的。

沈妍不仅变得比以前沉默了，而且还变得有些敏感，容易情绪化。课间时间，她不再和同学们打打闹闹，而是喜欢一个人听音乐、写作。

中秋节晚上，学校组织学生开展联欢活动。学生们都很高兴，积极准备，决定过一个不一样的节日。可是当季老师要求沈妍表演一个节目时，沈妍立刻拒绝了。沈妍甚至向季老师请假说她不想参加联欢晚会，想一个人去上自习。

这件事后，季老师还发现沈妍对父母和老师不像以前那么依服、顺从了，和他们之前的亲密感好像变淡了，甚至对他们的要求有点抵触。从沈妍最近的表现来看，季老师认为她应该是有了闭锁心理，于是打算找个时间和她的家长聊一聊。

像沈妍这样性格内向的孩子更容易产生闭锁心理的问题，因为内向的人不会轻易表露自己的情绪，喜怒哀乐也不愿意告诉别人，这种情况下一旦产生自我意识上的偏差，就得不到及时有效的纠正。但是闭锁心理只是一种阶段性的心理现象，只要加以正确引导，就可以将其转向积极的自我意识。

那么，该如何克服闭锁心理呢？

1.正确认识自我

正确认识自我就是要正确地评估自己的长处和不足，不要盲目自信，也不要盲目自卑。对于自己不足的地方，要努力学习，善于思考，提高自己的能力，使自己具备开阔的胸怀。

只有这样才能在各种情况下把握自己，不论面对成功还是挫折，都不会失控去做没有理智的蠢事。

2.正确认识压力

心理学上有一个著名的理论——“倒U形假说”，认为每项任务都有一个最佳的唤醒水平，未达到或超过这个最佳点，活动效率（成绩）即会下降。

这个假说被广泛用于形容压力与动力的关系，过大和过小的压力都会降低工作或学习的效率，只有最佳的刺激力度才能使人达到最佳的工作或学习状态。所以要抛弃“压力越大动力越大”的错误观念，不要对自己提过高的要求、给自己过高的压力，而且要减少攀比之心。

3.主动交往

大部分人都希望自己能朋友遍天下，但是朋友的多少和个人的性格有很大的关系。有些人性格内向，人际交往中往往采取消极被动的退缩方式，害怕主动交往会被拒绝，最终导致自己越来越交不到朋友。

但是如果你让自己在人际交往中变得主动一点也许会发现，成功也不像自己想象的那么难，你的自信心也会越来越强，这时你就会找到属于自己的知心朋友。所以，要建立良好的人际关系，就必须做交往的主动者。

4.敞开心扉

敞开心扉，态度坦诚是人际交往的第一原则。敞开心扉，真诚地对他人表达自己的好感或不满，才能让别人理解你的真实感受，并为之做出积极的改变。如果你自己犯了错误，也要坦率承认，这样才能让别人感受到你的真诚，才愿意同你做朋友。

自卑心理：被孤独感渐渐淹没

个体心理学的创始人、奥地利心理学家阿尔弗雷德·阿德勒指出：**自卑是一种自我否认、对自己没有信心也对自己不认同的心理表现，可以说是一种性格缺陷**。而自卑的人往往是孤独的，因为他们担心别人会看不起自己，所以会刻意地将自己封闭起来，尽量避免与别人发生接触。

在下面这个案例中，一名年轻的白领就陷入了自卑引发的孤独感中。

“在喧嚣的城市，我就像是一叶漂泊的孤舟，没有知己，没有朋友，只有令人难耐的孤独感相伴……”

欣然在日记本上写下了这样一段话语，之后她合上了日记本，长长地叹了一口气……

这不是她第一次产生这样的想法了。她已经在这座一线城市生活了5年，每天一个人上班、下班、吃饭、睡觉，让她觉得十分孤单；周末想要出去逛街，却找不到一个可以陪伴的人；很多时候有了心事，也不知道该和谁分享。

她看到同事们三五成群、说说笑笑，自己心中有说不出的羡慕，却从来不敢主动上前与人攀谈。因为她觉得自己长相不够漂亮，打扮不够时髦，说话也不够风趣，总之找不出任何的闪光点，所以她不敢与人结交，觉得没有人会喜欢自己。

于是，在别人谈笑风生的时候，欣然只好静静地坐在一旁，还要摆出一副漠不关心的样子。有时同事看到了她，给她一个友好的笑容，她却因为自卑，要么低下头不作回应，要么急匆匆转身就走。

这样的表现难免会让同事们觉得她高傲、看不起人，可谁又知道在她“高冷”的外表下隐藏着一颗多么自卑、孤独的灵魂呢？

像欣然这样被孤独感渐渐淹没的人在现今生活中并不少见，他们总觉得自己被这个世界抛弃了，觉得自己的存在与否对他人无关紧要。

但事实上，他们也渴望能够摆脱难耐的孤寂，去感受一下人生的快乐。可他们连一次都不敢尝试，连一步都不敢迈出：他们不愿意去接触陌生人，害怕和他人有深入的交往；在人群之中，他们看上去是那样不合群，而这一切，正源于他们强烈的**自卑心理**。

可悲的是，有自卑心理的人在生活中并非少数。斯坦福大学的心理学家菲利普·辛巴达博士曾做过一项有关“自卑”的调查。他和他的学生访问了800名来自各行各业、年龄性别各异的对象，结果其中竟有超过40%的人认为自己有“自卑心理”，更有82%的人称自己有过自卑感，而且那是种很不愉快的体验。

自卑就像是一道厚厚的围墙，将人们与外界阻隔起来。随着自卑感的加强，“围墙”会越筑越高，他们和别人之间的距离也会越来越远，强烈的孤独感便会将他们淹没，让他们心中不断滋生出各种消极的念头。

自卑心理是造就孤独的一大元凶。自卑型的“孤独星人”想要自救，就要从驱散自卑开始，逐渐打破禁锢着自己的“围墙”。

为此，我们可以参考阿德勒提供的几种战胜自卑的方法。

1.客观全面地认识自己

自卑型孤独者常常无法从客观的角度认识自己，在心理学上，这种情况被称为**“认知偏差”**。美国心理学协会（TAPA）在1994年出具了一份自卑者行为报告，其中指出，自卑者的这种“认知偏差”常常和幼年时父母的引导有关。他们的父母常常会提出过高的要求，并会有意无意地对他们的自尊心进行打击，使他们**看不到自身存在的闪光点，却会对自己的缺点和错误过度放大，**而这只会让他们的无力感、紧张感成倍增加，也会使他们丧失与人正常交往的能力。

想要改变这种情况，就需要坦然地接受全部的自己，也就是说，不光要意识到自己的缺点和不足，也要学会欣赏自己身上优秀的、美好的地方。

只有悦纳自己，为自己感到骄傲和自豪，才能渐渐走出自卑和

孤独的阴影，也才能够自如地与他人接触，建立健康向上的人际关系。

2. 用成功来强化信心

陷入自卑心理的人还有可能是因为遭受过一定的挫折，因而对自己的能力产生怀疑，甚至会认为自己什么都做不好。这是一种非常典型的**“主观评价性心理状态”**，会让自卑者变得越来越消极、回避，不愿意在人前表现自己，内心也被孤独感牢牢占据。

对于这样的情况，阿德勒建议可以通过**“作业法”**来进行调整，也就是说，自卑型孤独者可以有意识地给自己布置一些力所能及的、成功把握较大的“作业任务”，当作业完成后，内心便会产生强烈的**喜悦感、成就感**，使自信心得到强化，有助于消除自卑。

当然，这样的锻炼不能操之过急，需要经过反复尝试，才能逐渐消除对自身能力的怀疑，逐渐培养出进取心、积极性，也才能最终走出自卑，减少孤独。

3. 停止和他人做比较

阿德勒曾经研究过大量病例，发现自卑心理严重的人还有一个不好的倾向，就是会陷入**消极的“比较心理”**难以自拔，他们总是拿自己的缺点和别人的优点相比，认为自己处处不如他人，看不到自己的价值。长此以往，他们不但会变得封闭、孤独，还会对生活失去希望，甚至会产生悲观厌世的情绪。

因此，当你发现自己总是不自觉地和别人进行比较，并会为比较的结果感到沮丧难过时，你就应该提高警惕了：**因为这样的比较并不是一种积极的行为，却能反映出你的自卑心理正在不断增强。**

所以你应当停止这种无谓的比较，**要把和人攀比变成和自己“竞赛”**：可以看看自己最近有没有获得提升、获得进步，在某些方面有没有取得突破……

有人曾经说过：“和自己比，你永远都不会输。”你不妨多尝试这种比较，这可以让你体会到自己的价值，会让你感觉良好，在与人相处的时候，你也会表现得更加积极和自信。

4. 勇敢地表达自己的需要

自卑型孤独者其实很渴望与人接触，希望能够通过增进和他人的联系以摆脱孤独，可是因为强烈的自卑感，他们往往不敢表达这种需要，而这可能会引起人们的误解，觉得他们欠缺交往的欲望。

因此，这类孤独者还应当锻炼自己的勇气，如果确定对方是你想要建立联系的对象，你不妨主动表达“我想多了解你”的需要。只要你的态度足够真诚，对方便有很大可能会被你打动，你也可以因此拥有一段平等的、相互满足的关系。

如果在表达需要后遭到了对方的拒绝，你也不必为此感到灰心失望，而是可以鼓励一下自己，对自己说：**“我刚刚做了一次非常勇敢的摆脱孤独的尝试，这对我来说非常难得，下次我会继续努力。”**

需要指出的是，自卑心理的消除并没有那么容易，但你应当对自己有信心，不要因为自卑而影响正常的交往。你应当学会正确地认识自己，慢慢走出自卑的阴影，摆脱长久的孤独，从而感受到自身的价值和人生的美好。

自尊心过剩：“目下无尘”会让人们慢慢远离你

英国心理学家麦独孤把自尊心称为“自尊情操”，并认为自尊情操是理解意志活动的钥匙，也是自重和培养品德的基础。

自尊，即自我尊重，指维护自己的人格尊严，不允许他人侮辱歧视。自尊心是自我认同的表现，精神内核是自我尊重和自我爱护，有自尊心的人一般都有健康良好的心态。

自尊心不仅是个体对自我形象的主观感觉，还包括对他人、集体和社会能够尊重自己的期望。自尊心得到满足的人，经常会产生自豪感、优越感，从而形成稳定的情绪倾向和性格特征。

虽然自尊普遍意义上是积极的自我意识，但是如果把握不好尺度，也会带来负面影响。自尊心是否适度与一个人的成就大小有关，比如那些具备了一定的修养、能力和学识，在社会中取得了一定成就的企业家、政治家或科学家，他们的自尊心是其成就带来的，是有益的。而那些没有任何学识和能力，却有极强自尊心的人一般属于自尊心过剩，往往容易自我陶醉、固执己见，不尊重他人的意见和情感。

从小到大一直争强好胜的许杏就因为自尊心过剩，让自己陷入了困扰之中。

许杏家庭条件一般，她从小自尊心就很强，凡事都想比别人做得好。但是，她资质普通，上学时就成绩平平，毕业后只找到了一份很普通的工作。这导致许杏心理很不平衡，觉得别人能力不如她，都是因为家里有关系才找到了好工作，而自己只能待在一个一般的岗位上。

许杏最近心情比较差，因为年终时她被公司降薪调岗了。原因是，她连续几个月职务考评都不达标，公司考虑后决定将她从主管降为专员，待遇和应届生差不多。

许杏原本是公司的元老级员工，被降职后，有不少同事在背后说她能力不行。许杏的自尊心受到了很大的伤害。降职后，许杏的薪水降了很多，这也让她每天上班都打不起精神。

强烈的自尊心让许杏觉得自己在同事面前抬不起头来，她没有反思自己为什么考核不达标，只是为自己的遭遇愤愤不平，不停地抱怨，觉得自己为公司打拼多年，为什么会被如此对待？

有一次和她一起进公司的同事好心劝她说在职场打拼，没有人会一直顺风顺水，难免会有陷入低谷的时候，等她日后在工作中有了良好的表现，还是有很多机会被再次提拔的。

谁知许杏并没有领情，还觉得那个同事虚情假意。许杏实在气不过，没过两天就主动辞职了。公司也没有挽留她，很果断地批准了她的辞职申请。

许杏辞职后，才发现找一份满意的工作并不像她想象的那么简单。之前，她总是把一切问题都归咎于公司的不公正对待，却从没有提升过自己。现在许杏为了面子，赌气辞职，没想到以自己的实力却再找不到待遇那么好的工作了。

案例中许杏之所以选择辞职，就是因为自尊心过剩。某种程度上，自尊心过剩是由于对自己评价过高造成的。自尊心过剩的人容易盲目自大，固执己见，无形中会有一种自命清高的特殊心理。这与交际互补、平等待人的原则是不相符的，所以，自尊心过剩的人在交际中通常不受欢迎，容易碰壁，久而久之就会产生孤独感。

想要改变自尊心过剩的心理可以尝试以下几种方法。

1. 正确认识自我

自我认知是自我反省、自我思考的一个过程。正确地认识自我是对自己的为人处世进行有效反思，反思自己是否在言语上给别人造成了伤害，行为是否会引起别人反感，态度是否有些不尊重别人。

正确地认识自我就是要辩证地认识自己，不能总是把自己的长处和优点挂在嘴边，甚至拿别人的缺点和自己的优点相比较。要全面认识自己的缺点和优点，才能克服自尊心过剩的自负心理。

2.懂得谦虚

每个人在自己擅长的领域都会有所建树，但不能因此目下无尘，不允许他人反对、质疑自己，做事一意孤行。如果一个人觉得自己特别优秀，并因此停止进步，不再接受新知识、新挑战的话，那么很快就会落后于别人，被别人超越。所以要懂得谦虚，学会接受不同的意见，客观看待问题，承认别人的优秀。

3.平等待人

想要克服自尊心过剩的心理，首先要放低姿态，学会平等待人，将自己摆在与对方平等的地位去交流。同时，还要学会倾听，杜绝狂妄自大、目中无人，不要摆出一副高高在上的姿态。人际交往应遵循互补原则，自认为高人一等，总是一副盛气凌人的态度是行不通的，只有平等待人，才能获得他人的尊重。

环境因素：陌生环境对“群居动物”有什么影响？

群居动物顾名思义就是依赖群体生活的动物。群居动物在生活中都是以集体为单位，彼此间相互关照、相互协助。人作为典型的群居动物，对外部环境非常依赖，只有融入环境中，与环境里的事物和谐相处才会有安全感。所以，大部分人都喜欢稳定，不喜欢频繁更换环境，因为陌生的环境容易让人感到焦虑不安，甚至患上陌生环境恐惧症。

患有陌生环境恐惧症的人会避免前往任何他们认为可能引发惊恐的环境，最后只剩下自己家及其他少数几个地方能使他们感觉舒适。有的人反应过激，甚至长年不敢走出家门一步。到了这种程度需尽快寻求专业的治疗。

生活中，我们也常常因为到了陌生的环境而感到无所适从。比如去了新的城市，换了新的工作，甚至到一个陌生的城市出差，我们都需要一段时间来适应新环境，这是为什么呢？

我们对陌生环境的恐惧主要有三个原因。

1.内向的因素

内向是一种自我保护机制，我们到了一个新的环境之后，内心会不自觉地启动防御机制，以获得更多的安全感。这种心理暂时给了我们一种安全感，实际上却阻碍了我们更快地融入新环境。

2.对未知的恐惧

对未知产生恐惧是人的本能，而一个陌生的新环境会激发每个人对“未知”与生俱来的恐惧感。想要融入新的环境，我们就要做到信任他人，接受他人，这些我们不得不面对的新问题导致很多人本能地排斥新环境的未知感，因为害怕自己在新环境中丧失主动权。

3.怀念旧环境

我们的认知都是旧环境给的，当我们进入一个新环境时不免会受过去经验的影响。当旧环境的经验不能解决新环境中的问题时，就会唤起你对旧环境的怀念。我们在新环境中受挫越多，就越想回到旧环境中去，这会导致我们排斥新环境或者在新环境中无所适从。

通过下面的案例，我们学习一下罗俊是如何适应陌生环境的。

罗俊高中毕业后到了离家1000多公里远的南方城市读大学。罗俊生长在一个北方家庭，饮食上重油重盐，而南方城市饮食偏甜。罗俊很长时间都感觉自己水土不服，不仅吃不饱，还搞得自己肠胃不好。

罗俊家庭条件一般，为了节约路费，他没让父母陪着，而是孤身一人拉着行李箱就踏上了旅程。罗俊认为自己已经很独立了，但是作为偏远地区的学生，他还是转错了一趟车，几经辗转才到了学校。

罗俊虽然成绩不错，但是他所有的精力都放在了学习上，没什么特长。到了大学里，他看到同学们多少都会点乐器，他忽然就感受到了莫名的压力。而且上大学和高中不太一样，高校的环境和半个社会差不多，罗俊因为自卑也没交到什么朋友，有时夜深人静的时候他就感到无比孤独，甚至想大哭一场。

罗俊知道自己的负面情绪都是不能适应新环境造成的，所以他也学着调整自己的心态，没有课的时候就找一些兼职，好让自己慢慢了解这个新城市。等到大二时，罗俊已经能够很好地适应大学生活了。他是一个很喜欢阅读的人，每当他为一些乱七八糟的事情烦心时，他就寄情于阅读。一旦他沉浸于阅读中，他的心自然而然地就平静下来。

大学四年罗俊都依靠阅读度过孤独的时光，他因此还在写作上小有成就，在很多杂志上发表过文章。因为文笔好，罗俊还加入了学校的宣传部，很好地锻炼了自己的实战能力。小有成绩的罗俊对自己有了自信心，渐渐地和同学相处时不再小心翼翼，还结交了很多朋友。

毕业后，罗俊进入了自己很喜欢的一家广告公司。多年后，在同学聚会上罗俊才知道原来同学们对他印象都很好，大家都说他脾气很好，对同学都很友好，而且很有才气，在同学中还有“才子”之称。罗俊有些意外，他还以为自己在同学中没什么存在感，原来大家都很关注他。他很感谢自己在陌生环境中没有自暴自弃，而是积极改变自己，不然他可能就浪费了四年的大学时光，平平庸庸就毕业了吧。

我们在生活中不可避免地会遇到一些陌生的环境，到陌生的城市读书，到陌生的城市工作，或者因为伴侣选择到陌生的城市生活。有些人在陌生的环境当中会不自觉地感到紧张和畏缩。如果我们能够学习罗俊，克服对陌生环境的恐惧心理，我们就不会再无所适从，从而让生活重新回到正轨。

如何才能快速地适应新的环境呢？下面给大家分享几个小方法，希望对大家有所帮助。

1. 了解新环境

到了陌生环境中，我们首先要做的就是尽快地了解这个环境，以消除陌生感。我们可以自己主动了解，也可以向别人打听，利用一切可利用的力量，尽可能了解这个新环境。

了解新环境后，我们要尽量接受新环境与过去环境的不同之处，然后思考这些不同之处是否会对我们造成不好的影响。比如新环境的人文、风俗或者当地人的亲和度，是否会让我们感到不适。感到不适的话，我们可以尝试着慢慢地融入新环境，主动与身边的人多交流，以帮助自己尽快交到新朋友。

2.放下防备

如果你一直对新环境抱有防备之心，害怕被潜在的危险伤害，那么永远都不会真正地融入新环境中。而且不必要的防备之心还会让自己变得敏感、脆弱，过于情绪化。所以，要放下防备，坦然接受新环境的一切，这样才能更好地调整自己的心态，融入新的环境。

3.保持自我

我们虽然要融入新环境，但也不能完全被新环境同化，不能为了新环境完全妥协。比如你到了新的城市工作可能是为了更大的抱负，如果为了和同事打成一片而放弃了自己的目标，那么你的初衷就改变了。在融入新环境的同时保持自我才是正确的做法。

交往障碍：为什么你不能自如地与他人打交道?

交往障碍多是由社交心理障碍造成的，恐惧、自卑、孤僻、害羞、封闭、自傲、敌意等常见的社交心理障碍都会对社会交往造成不良影响。有交往障碍的人往往社交困难，不敢或无法与人正常交往，在社交中会有不愉快、压抑等消极的情感体验。

造成社会交往心理障碍的原因有很多，包括以往生活中的挫折，错误的思想观念，个性缺陷，人格障碍都会导致个体难以获取社交经验，尤其是成功的经验。

日常生活中，偶尔出现社交困难是在所难免的。但是，如果人际关系严重失调，就要警惕有交往障碍的可能。所以，对人际关系适应的不良状况，应分清哪些是正常的，哪些是异常的。同时，还要搞清异常状况的原因，哪些属于思想问题，哪些属于心理问题，哪些是两者皆有，只有分辨清楚病因，才能对症下药。

严重的交往障碍被称为社交恐惧症，比如到了害怕见人的程度就是患了社交恐惧症。所以，面对交往障碍不要过分恐慌，不要因为一点社交困难就认为自己患了社交恐惧症。

下面的案例中，刘晗的表现就有明显的交往障碍。

刘晗是一名插画师，两年前因为融入不了公司的环境而辞职，做了自由工作者。辞职后，刘晗就在家接一些插画设计的工作。刘晗的工作性质决定了他是一个非常依赖网络的人。而且他的性格有些害羞，不喜欢和人打交道，所以在家工作后，他一开始还是很高兴的。但在家久了，刘晗发现自己越发不会和人打交道了，他有点担心自己是不是患上了社交恐惧症。

网络上，刘晗热情奔放，谈吐自如，能说会道，而一旦回到现实生活中，特别是和客户线下沟通的时候却经常腼腆害羞，沉默寡言。刘晗发现虚拟世界对自己来说才是安全的，在网络上会觉得自己处于一种隐蔽真实自我的环境中，可以放下自己的恐惧，找到真实的自我，所以他在网络上可以畅所欲言，到了现实中就会出现交往障碍问题。

刘晗还越来越害怕和陌生人交流，面对陌生人时，他立刻就会变得沉默不言，欲言又止，拘束感极强。不仅如此，他还极其害怕碰到熟人，如果在街上碰到熟人，他一般会装作没看到或者加快速度躲避对方，因为怕得不到对方的热烈响应，所以宁愿不和人打招呼。刘晗也不喜欢接听电话，手机一般都设成静音，有电话打来的话，他都要等到自己想好措辞才拨回去。

因为越来越严重的交往障碍，刘晗开始否定自己，他变得越来越没有自信，这让他在社交中体会到了更强烈的挫败感，因此也陷入了恶性循环，更加缺乏社交的勇气。

在现代这样快节奏的社会环境中，像刘晗这样有交往障碍的年轻人不在少数，他们深受交往障碍的困扰，与人交往时会不由自主地感到紧张、害怕，以致手足无措、语无伦次，导致他们缺乏交往的勇气和信心，在社交中过多地约束自己，无法充分地表达自己的思想感情，阻碍了人际关系的正常发展等。

但交往障碍其实是可以自我缓解的，下面就为大家提供一些缓解交往障碍的小建议。

1. 找个值得信赖的朋友

不论多孤僻的人都会有几个熟识的朋友。当你害怕社交时，可以找一个值得信赖的朋友一起参与社交。身边有一个值得信赖的人可以缓解焦虑和恐惧，可以帮助你慢慢地从一个小圈子开始，一点点地重新融入人群中。

2. 学会重视自己

很多有交往障碍的人都是因为自卑造成的，想要克服自卑心理就要学会重视自己，比如你如果真的不想去参加一个聚会，那就遵循自己的内心，不去参加，因为勉强参加这样的聚会只会给自己带来更大的压力。

现实中，很多人迫于这样那样的压力会选择压抑自己，但压抑太久不仅自己感觉疲惫，别人也会感到你的抵触和抗拒。因此不要一味压抑自己，最好是通过一些简单、融洽的人际关系，重新感受到人际关系的轻松和快乐，恢复对人际交往的信心和勇气。

3. 拒绝过分解读

不要因为自己的敏感而过分解读别人的意愿，也不要因为别人一两句有歧义的话就认为自己被针对。过分解读只会把没有明显恶意的行为解读成消极的意思，这将成为你在人际交往中最大的障碍。

4. 学习如何合群

很多人可能会觉得不合群是性格造成的，怎么可能说改就改呢？我们不妨换一个角度思考，当我们身不由己地去参加一些社交活动时，不妨将我们的精神解放出来。虽然我们的身体被禁锢在社交中，但我们的精神是自由的。而我们经常出现在人群中时就会自认为是合群的，别人也不会再觉得你孤僻高冷。

5. 不要害怕沉默

不要因为自己有交往障碍就害怕沉默。相对于倾诉者，大部分人更喜欢倾听者。所以做一个更好的沉默者，学会倾听，将会改善你的社交情况，成为更多人眼中值得信任的人。

小测试：是什么让你活得孤独？

一个人感到孤独的原因大致有以下几种，你属于哪一种呢？

环境因素

有些环境容易让人感到孤独，比如，孤单的环境、陌生的环境、突变的环境等。

自我意识

在青少年时期，自我意识开始觉醒并逐渐建立，产生了了解别人内心世界并被其他同龄人接受的需要。他们很关心自己在他人心目中的地位和形象，重视他人的评价。正因为这样，他们会将自己隐藏起来。一方面他们觉得自己心中有很多秘密，出于封闭心理不愿告诉别人；另一方面他们又很渴望别人能真正了解自己，这种需要得不到满足时，便会陷入惆怅和苦恼，产生孤独感。

缺乏交往

人际交往需要真诚、热情，也需要技巧。有的人因为没有掌握交往技巧而失去朋友或得罪他人，破坏自己的形象。

情绪情感障碍

情绪情感成分是人际交往中的主要组成部分。人际交往中的情绪情感障碍常常诱发人际孤独。常见的情绪情感障碍有害羞、恐惧、愤怒、嫉妒、狂妄等，其中，与孤独感密切相连的是害羞和恐惧，害羞和恐惧会使人产生逃避行为，从而避开与人交往的情境，离群索居，封闭自我。到了青年时期，少年时代人际关系的特点继续发展着。但青年时期人际关系发生了质的变化，主要表现在从精神上脱离对父母或成人的依赖、新的友伴关系（特别是异性关系）的协调和适应、自我意识的进一步发展和完善，以及对成人的抵触和反抗、竞争和对抗的激化等方面。因而其人际关系具有广泛性、自主性、易变性和异性敏感性等特点。

第三章

警惕长期孤独，别让“病态独处”毁了你

消极悲观：掉入孤独和怨天尤人的“黑洞”

悲观是一种由于自我感觉失调而产生的不安情绪，表现为心理上的自我指责、安全感缺失和对预期的负性思维方式（就是对未来总是往坏处想）。悲观的人总是对人生抱着消极的态度，认为生活中总是充满着各种不幸。他们既没有足够的能力减少这些不幸，也不能靠自己改变这些不幸，唯一能做的就是消极应对。

悲观者面对一切的消极态度，让他们只能看到事物坏的一面，而看不到事物好的一面，这种主观倾向往往让他们陷入恶性循环。而且大部分悲观者是低自尊者，他们不仅对外界评价过低，对自我价值的评价也偏低，以至于在生活中遇到一点挫折就会丧失信心，认为自己没有能力获得成功，注定要失败。

悲观者的消极心理容易给身边的人带来负面影响。因为他们总是过分关注自己的不幸，与人交往时大多数时候都是在倾诉自己的遭遇，把对方当作情感垃圾桶，从而导致自己被疏远，陷入孤独之中。

杨欢就是一个典型的悲观主义者。

杨欢最近和关系最好的一个朋友闹掰了，因为这件事一直很苦恼。但是她没有积极去挽回这段友谊，而是自暴自弃地觉得人的一生总是孤独的。

这个朋友是杨欢的大学同学兼室友，两人读书时关系就很好，毕业后两人留在同一个城市工作，时常来往。没想到，杨欢最近一次和她这个朋友抱怨家里的事时，朋友没听她说几句就直接打断她："我每次给你意见你都不听，你只是一味和我诉苦，我又不是你的垃圾桶。"

杨欢被说得一愣，朋友那边直接挂了电话。杨欢不知道自己做错了什么，她只是抱怨了几句孩子的事，怎么就招人嫌了呢？而且，不是她不愿意听别人的意见，而是清官难断家务事，朋友给的意见就一定有用吗？这世上也不是所有问题都能解决的。

杨欢天生就是一个悲观主义者。悲观让她一直都没有自信，觉得自己什么事都处理不好，所以在家庭决策中，她一般不发表自己的意见，有什么不满都和朋友抱怨。久而久之，她的朋友越来越少，因为她似乎总是戴着"灰色眼镜"，任何事情都只看到阴暗的一面，对生活毫无自信，给身边的人带来了很多负能量。比如这次和好朋友闹掰，杨欢却只会自怨自艾，觉得所有人都抛弃了自己，却没有反省自己的悲观情绪已经影响到了她的正常生活。

人人都有悲观的瞬间，但偶尔的悲观只是一种不安情绪，大多是由于对未来的不确定性造成的。悲观情绪无可避免，因为悲欢交替是人类正常的情绪更迭，像杨欢这种极端的悲观主义者则是心理不健康的表现。在这种过度悲观绝望念头的支配下，精神层面上的悲观很可能会影响到器官层面，表现为躁狂、神经衰弱、神情恍惚，甚至演变成抑郁症，导致个体出现自杀的意念和行为。所以要重视消极悲观的情绪，必须进行适当调节。

1.准确定义悲观的层次

悲观情绪或者负面信念分很多层次，即使我们想改变自己的消极悲观，一时也无法撼动让我们产生悲观情绪的最底层的核心信念。但我们可以从最浅显的信念入手，比如“我对自己的能力不自信”或者“同事们都不喜欢我”，我们识别出这些导致悲观的因素，客观地审视它，并努力去验证这些是否属实，在这个过程中建立自信。只有克服了最浅显层次的负面信念，才能克服最核心的悲观信念。

2.寻找正面的记忆

负面情绪的累积是导致消极悲观的主要原因，如果一个人只记得自己失败、出糗或者被批评的经历，那么就很难变得积极自信起来。想改变这种消极悲观的思维模式，就要先寻找正面的回忆，试着用自己记忆中的成功或者那些高光时刻来鼓励自己，最后你会发现，你没有自己想的那么糟糕。

3.制定明确可行的目标

首先要明确目标，只有目标明确，才能判断是否达到了目标。精确定义成功的标准才能确保你会一次又一次地获得成功，才会使你相信自己有能力做到想做到的事情。成功的体验积累多了，就会让你重新对生活充满信心。

其次目标要有可行性，以自身条件和外部环境可以达到，而不是不切实际的异想天开。最初的计划要易于实现，周期不能太长，如果所需要的时间和精力太多，容易导致半途而废。比如，你家周围有个网球场，而你对网球运动比较感兴趣，那么就可以设立一个目标“我要学会网球”。这个目标大概率是可以实现的。

4.目标变为小步骤

为自己的目标制订一个详细计划，将大目标分割为小步骤，只有小步骤才可以确保你会坚持下去，并且每一步都可以完成。这样每完成一个目标，你就会成功一次，而一次次的成功会令你的自信逐渐增长。

如果你定的分目标太大，难免会失败，打击自己的自信心。几次失败之后，你也许会对这个计划完全丧失兴趣和信心，最终半途而废。

归属感缺失：心中有一座“寂寞”的孤岛

美国著名心理学家亚伯拉罕·马斯洛提出了“需要层次理论”，他认为“归属和爱的需要”是人的重要心理需要，只有满足了这一需要，人们才有可能自我实现。可见归属感对人的心理健康有多重要。

归属感又称为隶属感，是指个体与所属群体间的一种内在联系，是某一个体对自己与所在群体从属关系的划定、认同和维系的心理表现。

每个人都害怕孤独，渴望有归属感。归属感就是要归属于某一个群体，比如家庭、团体等，从而减轻对外界环境的不适应性及由此产生的孤独感。只有归属于一个群体并得到认同，人们才会有正常的情感交流互动，而这种交流正是安全感的来源。

很多人在生活中感受不到归属感，总觉得自己与所处的环境格格不入，就像被丢在一个盒子里，外面有多热闹都和自己无关，只有孤独才是自己的。造成归属感缺失的原因很多，主要包括以下几个方面：1.心理上缺乏安全感，难以接纳他人；2.交往人群缺乏相似性，无法引起共鸣；3.在团队中缺少认可；4.在集体活动中缺少参与感；5.因为地缘性，缺少情感连接。

下面的案例中，关莹就因为到外地工作长期找不到归属感。

关莹是一所名校的硕士研究生，男友齐云和她就读同一所学校，比她高一届。齐云毕业后考上了老家的公务员，于是直接回到了北方的城市工作。两人就这样谈起了异地恋，但是异地并没有让他们的感情降温，关莹毕业后，齐云便邀请关莹和他一起去北方打拼，不过关莹家里一直不同意，怕她到了北方不适应。但是关莹不舍得几年的感情，毅然决然地踏上了去北方的旅程。

之后，关莹考进了一家研究所，工作不忙，待遇也比较满意。齐云入职第二年因为工作进入正轨，反而变得忙起来。两人距离近了，联系却越来越少。两人勉强维持了一年，齐云提出了分手，不久就和同单位的一个女孩开始交往。

关莹知道这个消息后犹如晴天霹雳，她现在离家千里之远，没有朋友也没有恋人，离开了舒适的心理环境，既不想融入所在的城市，也不知道该如何融入。她在陌生的城市里变得没有归属感，心思总是飘忽不定，不仅难以接纳他人，还因此产生了“我不属于任何人，任何人也不属于我，我是孤立于这世界”的想法。

关莹每天下班后都不知道该去哪里，自己租的那个小房子，孤零零的只有自己一个人，那只是名义上的家，不是自己真正的家。这让关莹感到特别孤独。

缺乏归属感让关莹对工作也开始缺乏激情，责任感不强，因为犯错不仅被罚了奖金，升职的机会也失去了。

关莹在这座城市里社交圈狭窄，之前认识的都是齐云的朋友，两人分手后，关莹就没有能够联系的朋友了，业余生活变得特别单调。她也不喜欢和同事做朋友，于是平时只能一个人在家窝着，巨大的孤独感快要把关莹击溃了，她不知如何是好。

归属感缺失是一种很常见的心理状态，这种心理不仅仅是因为缺乏社交，还是亲密感的匮乏造成的。缺乏亲密社交是归属感缺失的根本原因。案例中的关莹就是因为离开家乡，失去了熟悉的社交圈，造成归属感缺失。

每个人都有可能由于暂时不适应外部环境而缺乏归属感，这并不可怕，只要你找到对的方法，调整好自己的心态，总会找到属于自己的位置的。

1. 建立情感链接

想要摆脱归属感缺失首先要找一个能与你在情感上建立深层链接的人。有一两个可以深层次交流的朋友，比拼命融入那种只能吃吃喝喝的朋友圈要重要得多。

如何在一个感受不到归属感的环境里找到深层次链接的朋友呢？要放下自己的各种预设和偏见，积极主动地去参加一些能够结识有相同兴趣的朋友的活动，这样的活动可以保证参与其中的人是有一定共同点的。在之后的交往中，你就可以找到兴趣相投、价值观相似的朋友，借此找到归属感。

如果参加这种社交活动有一定困难的话，可以尝试着从身边现有的社会关系中找到能够和你彼此提供情感支持的人。这更需要放下预设和偏见，寻找共同点，而不是聚焦在你们的不同上。

2. 建立地缘链接

人与人之间需要建立链接，人与地方之间也同样需要。在你完全不了解，或者从未探索过一个地方的情况下，很难对其产生归属感。这时就需要主动建立地缘链接，你不需要热爱这个地方，但是要努力发现这个地方的可爱之处。它可以是这个城市的人情味，也可以是曾被你忽略的包容力。这些动人之处会让你觉得，纵使这个地方曾让你没有归属感，但它依然有自己温柔的一面。

3. 维护已有链接

维护已有的链接也非常重要，比如和家乡的亲人，或者各地打拼的朋友经常联系，分享彼此的日常，吐槽各自的烦恼。远方的情感链接虽然不能替代近在身边的情感支持，但可以填补我们的孤独感。这样的情感链接同样可以让我们拥有亲密社交，不再那么孤独。

意志力下降：长期孤独会让人失去自控能力

你是否在某一瞬间有过强烈的孤独感？你是否曾在狂欢的人群中，感到落寞凄凉，被孤独淹没？

当你无论身处何种环境，内心都无法活跃起来时，这就是孤独感的表现。人类是社会性动物，各种社会原因都会让人产生孤独感，生活中很多人都有无法排遣的孤独心理。而孤独的危害是巨大的，长期的孤独会削弱人的意志力，导致个体出现自暴自弃的心理，变得偏执焦虑，容易酗酒，甚至产生药物依赖。研究发现，孤独者和社交活跃者的健康水平差距与吸烟者和非吸烟者、肥胖症患者和非肥胖症患者的差距类似。

孙莉就是一个因深陷孤独而失去自控力的人。

孙莉从小到大都是一个胖女孩，这让她一直生活在痛苦中。读书时，因为身材原因，孙莉的体育课经常不及格，总被同学嘲笑。工作后，她又开始被同事嘲笑，同事还给她起了个外号叫“胖妞”。孙莉一直活在别人嘲笑自己肥胖的阴影中，慢慢陷入了长期的孤独。她也想过减肥，还专门去健身房办了卡，但是去锻炼了几次后就坚持不下去了。她的意志力好像在孤独中被破坏殆尽，她没了动力，也没了自控力，不仅没减肥成功，还越吃越多，变得越来越胖。

孙莉开始自暴自弃，她变得不爱出门，也不愿与人交谈，就放纵自己一个人宅在家里。没多久，她就迷恋上了网络游戏，因为只要不停地玩，她就会不停地收获装备和经验，这份确定性的收获，让她有一份满足感。

孙莉每天都会玩游戏玩到很晚，在虚拟的网络游戏中汲取一点可怜的满足感。由于玩得太晚，孙莉早上经常起不来，上班经常迟到，终于在又一次考勤不合格后，公司把她辞退了。

孙莉丢了工作后，开始反省自己，造成今天的局面全都是因为她的自控力太差了。她因为肥胖觉得孤独，而孤独摧毁了她的意志力，她的减肥计划没实施几天就自动放弃了，最后没减肥成功还胖了三斤。丧失了自控力后，孙莉发现自己什么都做不好。她年初制订了宏伟计划，经常不到一个月就宣告失败；上司交代给她的工作，时间到了，她还没做完；她打算学习的网络课程，经常结课了她还没报名……

因为没有了意志力，孙莉控制不了自己，再多的目标，再完美的方法，在她这里都没有用。她不知道该如何改变自己，强烈的挫折感让她陷入深深的自责当中。

孙莉的故事不免让人胆战心惊，这就是意志力被摧毁带来的后果。而当我们的内心被孤独占据时，意志力就会不由自主地下降，这是为什么呢？

人是生而孤独的。你在出生的那一刻就感知到自己的孤独，只能通过对母亲的依恋来缓解孤独。等你慢慢长大，这种孤独感便不断增强，以至于和母亲的牵绊也不能排除孤独。这时候人们就开始去解决自己的孤独问题，相比较自控，大多数人选择了对自己来说更简单的方法，那就是放纵自己，纵容自己抽烟、喝酒、沉迷于网络游戏等。在你放纵自己的瞬间，孤独感好像完全消失了，但是那一瞬间过后你会发现这种孤独并没有消失，反而因为自己的放纵而变本加厉了，使你无法自拔地陷入更严重的孤独。

所以，摆脱孤独最好的方法不是放纵，而是自控。只有自控力才能改变你，让你变成更好的自己来对抗孤独。

我们如何提高自己的自控力呢？下面几个方法可以供我们参考。

1.选择收益最大的目标

驱使我们做一件事的力量一般有两种，一种是内部力量，包括兴趣、虚荣心等，另一种是外部力量，包括利益、职责等。对孩童来说，激发兴趣是最简单有效的方法，而对成年人来说，利益才是最大的驱动力。

想让自己行动起来，就先要找到一件对自己最有价值的事情。这个价值可以是钱，也可以是健康或者其他你看重的东西，总之是对你有实实在在好处的事情，比如健身、写作、研究某一门学问等，然后开始行动起来。

2.拆分目标再行动

选择收益最大的目标能够让我们行动起来，但只有合理地拆分目标才能让我们真正地坚持下去。因为只有把大目标拆解成每天能够做的小任务，才能形成一个容易执行的流程。

比如你选择了一件需要坚持一年的事情，那么把这件事拆分成365天的任务，每天都有一个简单并可实现的目标，这样坚持起来就容易很多。

3.注重当下的收益

如果没有重大的目标，那么就坚持在每一件小事上找到更具体的意义。生活中，坚持做一些微不足道的小事，比如跑步、练书法、做读书笔记等。即使是小的目标，实现的那一刻，我们一样能收获一份满足感。只有养成了坚持的习惯，才有希望实现更大的目标。

自控不是控制自己不被外界影响，像机器一样没有感情，不为所动。自控是帮助我们认识自己，利用本能做好事情，在即将向诱惑投降时，能够坚持自己的目标，做出最符合自己利益的决定。

睡眠障碍：孤独与失眠有什么关系？

大多数人都有过几次失眠的经历，原因也许是兴奋，也许是沮丧，但无论什么原因，失眠对大家来说都不是一个好的体验。长期的失眠还会导致暴饮暴食、运动机能减退、脾气暴躁等一系列问题。

我们通常把睡眠时间和（或）质量不满足并影响日间社会功能的一种主观体验称为失眠。失眠是睡眠障碍的一种。睡眠障碍是指睡眠质量不正常，如嗜睡或失眠，以及睡眠中出现异常行为的表现，如梦游症、梦呓、梦魇等。

一两次睡不着就是失眠吗？在医生眼里，具有以下三方面症状的才叫失眠。

第一，每次入睡要超过半小时，晚上醒来不止一次，醒后超过30分钟还不能接着睡，多梦。

第二，白天头晕没力气，疲劳想睡觉，注意力不集中，工作能力下降。

第三，每周失眠3次以上，至少持续1个月。

如果这三条都达标了，就有可能被失眠缠上了，那就有必要寻求专业医生的帮助。

但是，在那些抱怨被失眠所困扰的“患者”中，有相当一部分人并不是失眠症患者。即使他们每晚都得到了充足的睡眠，第二天醒来时依然会感到疲惫、抑郁、焦虑，与那些真正患有失眠症的人情况如出一辙。这是为什么呢?

因为夜晚更容易让人感到孤独。

白天时，我们身边充斥着太多的人和事，充斥着各种关系，喧闹冲淡了孤独的感觉。但是到了夜深人静时，我们独自一人躺在床上，孤独就会来袭。因为，深夜的我们得不到想要的情感回应，这份无助深深刻进了我们的情绪里，让我们变得无比孤独。

所以，失眠的背后是致命的孤独。

刘孜就是被孤独困扰的“失眠症”患者。

刘孜最近一段时间一直睡不好，深受失眠的困扰。每天晚上，当她想睡觉的时候，头脑就会变得很清醒。她一个人过着独居的生活，夜晚的房间寂静无声，没了白天的嘈杂，也没有其他人和事来打扰。可是，这时候她就开始控制不住地想很多事情，反思自己，审视自己。越反思她越觉得自己不上进，每天浑浑噩噩地过日子，工作也没有前途，对自己的职业生涯越发担心起来。

刘孜从小就是个孤独的孩子，她的父母是双职工，去上班时就把她锁在房子里。刘孜不能出去和其他孩子一起玩，大多数时候只能趴在窗台上看着院子里其他孩子追逐打闹。小时候刘孜最喜欢玩的游戏是过家家，可悲的是，在这个游戏中她总是一人分饰三个角色，既当爸爸又扮妈妈，最后还要再做回孩子。后来，这个游戏她就不再玩了，因为每次玩完游戏她都会觉得自己很可怜，自己内心的那份孤寂越发强烈。

自从工作之后，刘孜的睡眠质量一直不好。通常，她都要在床上躺很久才能睡着。有时候，为了让自己尽快入睡，她就故意把自己折腾得很累，这样才能倒头就睡。否则，她的脑海里会控制不住出现一些让她纠结的事情。也许是现实的压力，生活的紧迫，让刘孜感觉越来越压抑不安。而这份压抑和不安正是让她失眠的元凶，她在每晚将要入睡的时候，都需要独自面对。

独自面对失眠的感觉对刘孜来说太痛苦了，因为这会把她内心那份最深的孤独牵引出来。

相信现实中像刘孜这样失眠的人不在少数。大部分人在失眠的时候，都没有什么好办法让自己入睡，只能把自己熬到困得要命，才会在闭眼时有要睡着的感觉。否则即使闭上了眼睛，你还是有精力胡思乱想，越想越精神，反而越睡不着。这时，你就会在无尽的黑夜里感觉到“偌大的世界，孤身一人”的那份孤寂。

那么，摆脱失眠的妙招有哪些呢？我们可以参考一位医生给出的治疗方法。

1. 刺激控制疗法

核心就是，建立睡觉和床的关联性，让你一看到床就想睡觉，具体怎么做呢？

一是只在有睡意的时候才上床。如果20分钟还没睡着，就离开床，等到有睡意再回床睡。

二是上床前，把手机、电视遥控器、食物都放得远远的。不要在床上做任何与睡觉没关系的事情。

三是不管睡得怎么样，都在固定时间起床。白天最好也不补觉，坚持到晚上再睡。

2. 松弛疗法

紧张、焦虑都是导致失眠的常见因素。

松弛疗法就是通过放松身心，来缓解这些不良因素，从而促进睡眠。进行缓慢的深呼吸训练，做做瑜伽，听听柔和舒缓的音乐。想象自己躺在温暖的阳光下，在海边聆听海浪声……都是不错的选择。让心情舒畅、身心放松，争取睡个好觉。

3. 芳香疗法

茉莉花、薰衣草、迷迭香之类的植物都有助眠作用。勤快的人可以在卧室里摆放这些花花草草。懒人也可以选择香薰灯、香薰炉或香薰包、薰衣草枕头等来助眠。

不堪忍受的压力：孤独让你对危险和压力格外敏感

相信大多数人对孤独并不陌生，不论是在陌生的街头，还是在热闹的人群中，都有可能因为没有安全感而感受到孤独的滋味。对有些人来说，短暂的孤独来去匆匆，而对另外一些人来说，它却如影随形，变成了长期的困扰。

孤独的危害很多，一个人如果长期处于孤独之中，很有可能会变得抑郁、寡言、精神不振，严重的时候甚至会影响正常生活。大量研究发现，孤独者体内的肾上腺素水平要高于正常人，对危险和压力更加敏感。当面临压力的时候，孤独者的“压力激素”比常人释放得快且多，以随时准备应对突发状况。这时的“压力激素”更多地压制了“快乐激素”，引发了疲劳感和困顿感。

孤独更是一种长期的压力来源，因为孤独感本质上是由于没有安全感造成的。其原因可以追溯至狩猎时期，当人类的远祖生活在丛林中时，周围危机四伏，结伴同行是安全的保障。在野兽出没的丛林中落单是离死亡最近的时候，这时的情况危险至极，需要加倍警惕，才能求生自保。因此，孤独感让人们对危险和压力格外敏感。

从生物学上看，人体中的下丘脑—垂体—肾上腺“三点一线”，形成了人体的“应激反应轴心”。在遇到危机时，它们会分泌激素，让人变得紧张、警觉，以迅速做出判断与应对。这些激素往往会重新调整身体中的“资源”分配情况，通过抑制消化、免疫系统等，把重心放到心脏供血、肌肉运动中去。可见，压力激素水平长期居高不下的情况下，人体的免疫系统将会受到抑制和破坏，心血管系统也可能因为长期负载过高而变得更加脆弱。

此外，长期处于压力之下，睡眠节律与睡眠质量都会受到损害，具有深度孤独感的人更容易失眠，也更容易感到疲惫失神。

下面的案例中，刘景就是一个因为孤独几乎快被压力摧毁的人。

刘景是一个害怕孤独的人，所以大学毕业后回到了自己家乡的省会城市工作。他喜欢自己家乡的环境和天气，却无法消除这座城市带给他的深深的孤独感。他在省会附近的小县城长大，在这座省会城市并没有相熟的亲友。工作后，他过上了上班、下班两点一线的生活。他在一家公司的销售部门上班，工作很忙，压力很大，没有时间也没有机会去结交新的朋友，平时最多的活动就是去各地出差，或者下班后一个人轧马路。

工作一年后，刘景熟悉了城市里的每一个角落，却没有一个熟悉的人。各种节假日都是他自己一个人度过。每次想起自己独自一人吃着粽子、吃着月饼的场景，他都有一种被孤独感淹没的感觉。

销售行业普遍压力很大，熬夜加班几乎成为常态，刘景的孤独感放大了这种压力，让他变得焦虑、失眠，甚至还有点抑郁倾向。

每个阳光明媚的清晨，刘景都觉得生活充满了希望，而到了夜深人静的时候，他却觉得孤独悲凉，常常偷偷哭泣。他觉得自己只是希望有一个人能与他一起分享快乐，一起承受痛苦，这个卑微的愿望不知为什么那么难以实现。他在巨大的压力和孤独中，不知如何是好。

现代社会中，孤独的人比比皆是，像刘景那样几乎快被孤独击垮的人，也有不少。我们究竟该如何减少孤独感，降低其带来的健康隐患呢？

提到对抗孤独，人们首先想到的是如何提高自己的社交机会或者社交能力，让自己融入人群中来消解孤独感。但是，孤独感是一种主观体验，人类作为主观动物，与这个世界的关系，很大程度上也取决于自己的主观态度。所以，相较于强迫自己融入人群中，不如先改变自己内心对孤独的态度，让孤独感自己消退。

那么，要怎么做才能改变孤独者的内心呢？

美国心理学家约翰·卡乔波教授认为，孤独感与危机感会形成负反馈的怪圈：因为孤独，所以潜意识里感到危机，因为感到危机，孤独的人更容易对周围的人产生警惕防备的心理，甚至带着偏见躲避社交机会，这反过来又加深了孤独的感受。

如何打破这一怪圈才是减少孤独感的关键。从这个意义上来说，外部的社交机会并不会改变孤独者内心深处的防备感以及对社交的戒心，而只有孤独者改变他们对人际关系的负面看法，才能缓解孤独感，从而减少孤独带来的不堪忍受的压力。

1. 合理定位

合理定位自己的人生价值，遵从自己的内心来推定自己的人生目标。合理评估自己的能力，不自大，也不妄自菲薄，以免盲从，掉入“成功学”的陷阱。

2. 调整心态

以积极乐观的心态拥抱压力，遇到问题时，客观分析原因，是自己能力不足，还是环境或他人因素。从不同角度考虑，合理调整自己的心态。

3. 理性反思

面对压力的时候，学会理性反思，可以试着自问“如果失败了会如何”，这并非推脱的借口，而是一种有效疏解压力的方式。另外，理性反思可以帮助你确定是什么刺激引起了压力，通过自我反省的结果来决定怎么应对压力。

4. 合理宣泄

压力是在所难免的，在面对压力的时候，我们无法自我排解时，不妨通过旅行、运动、唱歌，或者与朋友倾诉等方式将心中的压力和不快宣泄出来。通过合理宣泄将不良情绪一扫而空，压力自然得到了缓解。

决断力降低：长期孤独会使人畏首畏尾

美国社会学家罗伯特·韦斯通过实验观察到，一个人如果感到被排斥就会增强他结识新朋友的动力，他会努力给不熟悉的人留下良好的印象，积极与他人合作。但是，如果他与人交往的意愿受挫，长期的社会孤立感会使这种积极的冲动转为消极的态度。这就表明“被排斥的感觉会减低执行功能的效率，影响大脑的表现”。这也意味着被孤立的感觉会导致一个人的决断力降低。

孤独会给我们带来各种各样的危害，其中之一就是会破坏我们调节外部社会环境的能力。当我们身处孤独之中，无法做到自我调节时，我们就会变得精神涣散，这时我们急于自我修正，就会做出和他人交往的尝试。但是早在孤立感引起严重的健康问题之前，受损的自我调节所导致的行为，已经让我们在孤独的歧途上越走越远。

对情绪和行为进行自我调节是人类独有的能力之一。我们依赖执行控制能力或者决断力在群体中立足，但当孤独破坏了我们的决断力，让我们总是沉浸在自己的世界里时，我们对现实了解减少，就会变得畏首畏尾，很难对一件事情做出判断。

刘文就因为长期处于孤独中而变得畏首畏尾，丧失了决断力。

刘文大学毕业后，进入了自己喜欢的传媒行业。因为传媒不是自己的对口专业，而且自己也不是名牌大学毕业，一开始很多大公司的招聘刘文都没有勇气去尝试，甚至连人家的网申都不敢填写。后来他听说一个同学成功进入了一家大型的传媒公司，他才鼓起勇气去尝试找一些与传媒相关的工作。

刘文找工作时很是下了一番功夫。他不仅在网上收集了各种面试经验，还提前自学了一些课程。最后，因为他自己喜爱文学，对一本文学大师的作品有自己独到的看法，这才入了主管的法眼，成功入职了一家还不错的传媒公司。

刘文入职后发现同事都是相关专业毕业的，只有自己是不搭边的理工专业。平时同事聊工作，他基本插不上嘴，虽然自己入职了，但是做的也只是基础的行政工作。他想提升自己，但是对这个行业了解太少，自己也找不到门路。工作了一段时间，他就发现自己融入不了公司的环境，他觉得在这个公司里，自己一直是孤单一人，这让他变得畏首畏尾，很多事情都是要找别人咨询意见，自己不敢轻易决断。

有一次，公司请来了行业里的知名人士给他们新入职的员工做培训，课程结束后，当老师询问有没有人愿意分享一下自己的学习心得时，刘文立刻变得紧张起来。其实，在这次培训中，刘文受益良多，自己也总结了很多方法，但是一想到要上台演讲，他就感到莫名的恐惧。这时，公司里比刘文晚入职的一个女孩主动说想试一下。她回去很认真地准备了PPT，并在台上做了一次挺不错的演讲。

后来这个女孩被在场的几位领导记住了名字，在后续需要新人加入项目时，公司首先就想到了她。

刘文因为自己的胆怯非常懊恼，但是他连开口都感到恐惧，还能有什么办法呢？

作为一名职场新人，刘文对当众演讲的恐惧可以理解，但是一直以来的孤独感摧毁了他的决断力，让他在恐惧来袭时，只能选择逃避，而无法去主动战胜它。

只有克服孤独感带来的恐惧，做一个不畏首畏尾的人，才有勇气强迫自己走出舒适圈，变得杀伐决断，掌控自己的命运。

那么如何克服孤独带来的恐惧呢？

1.定义自己的恐惧

许多担忧的存在都是因为我们没有真正明确地分辨出困扰我们的是什么。所以消除恐惧的第一步就是定义自己的恐惧，问问自己："究竟担心的是什么？"在此阶段，已经可以解决一半的问题。

2. 对意外有所准备

对意外有所准备才能在新的形势下应对自如。有决断力的人能够借助分析自己的能力，迅速地对当前的形势作出判断，从而得出应该做什么的结论。

确定自己能接受的最坏结果，然后再去尝试。如果我们能接受最坏的结果，那么就不会再有恐惧，不论你失去的是金钱、事业，还是健康，你都可以接受。这种心态很快就可以缓解因压力和恐惧引起的担忧。一旦你接受了可能发生的最糟糕的事情，就会发现你已不再恐惧了。

3. 改善最坏情况

接受最坏的可能被麦肯锡公司称为“结果管理”。每一项决定都对应着一个结果，当你决定接受最坏的情况后，那么因拒绝面对最坏的情况而造成的压力都会消失。克服恐惧后，你的头脑就会平静而清晰，能够有创造性地思考，做一些有建设性的事情，改善现有的最坏情况。

担心只是犹豫不决造成的持续恐惧。克服恐惧的真正解药是有目的的行动。当你采取行动时，你就没有时间再恐惧。你的信心、勇气和控制感将会回归，并消除你的恐惧。

认知衰退：老年痴呆为何偏爱孤独的人?

人类是喜欢群居的高级动物，只有在交流和沟通中才能得到一些心灵的慰藉。但是往往事与愿违，几乎没有人可以躲避孤独的侵蚀，对抗孤独几乎是我们一生的挑战。孤独不会随着年龄的增长而自然改善，相反，长期陷入孤独的人会随着年龄的增长而出现认知衰退，患上老年痴呆的风险更大。荷兰一项研究发现，孤独感与老年痴呆症之间存在重要关联，那些长期处于孤独状态的人罹患老年痴呆症的危险会增加两倍。

很多老年“孤独者”一生中经历了太沉重的孤独，即便所处的环境或人际关系发生变化也无法缓解他们孤独的感觉。而且步入老年后，身体功能开始衰退，孤独让他们更加放纵自己，在日常生活中会吃更多的高脂肪食品。孤独中的老年群体自我调节能力也会下降，在面对难题的时候，他们表现得通常不如社会联系良好的人。在这一系列因素作用下，孤独成了罹患老年痴呆症的一大诱因。

下面的一个小案例中，李奶奶独居后，因为长期无人陪伴，感觉记忆力都下降了很多。

李奶奶今年71岁，两年前老伴去世后，她就开始一个人独自生活。李奶奶有两个女儿和一个儿子，儿子定居国外，回来看她的机会很少，两个女儿远嫁到别的城市，只有逢年过节才有时间过来探望她。李奶奶的兄弟姐妹都在别的城市，身边一个亲人都没有。

李奶奶性格比较内向，平时就寡言少语，老伴还在的时候，她和邻里的关系还可以，平时也相互走动，聊聊家长里短。老伴去世后，她就常常一个人待在房子里，渐渐地和邻居的联系也少了。

李奶奶独居后，日子过得也比较单调，平时就浇浇花，遛一遛老伴生前养的一只小博美。有一天家里的小博美忽然生病了，李奶奶也不知道宠物医院在哪里，赶紧抱着狗狗去找邻居帮忙。邻居家的儿子正好在家，就带着李奶奶去了宠物医院，还替她交了诊费。李奶奶不知道怎么感谢他才好，年轻人却说："您年纪那么大了，身边也没人陪着，以后有什么事来找我就行了。"李奶奶一边感激，一边羡慕邻居有儿孙陪在身边。

小狗出院那天，李奶奶自己过去接的。从医院出来后，李奶奶抱着小狗，坐在公交车上在城里绕了好几圈，直到司机露出担心的表情，李奶奶才下了车。可是下了车，她也不知道该去做什么，这孤独的日子不知什么时候是个头……

生活中，像李奶奶这样孤独的老年人有很多，特别是那些性格内向的老年人更容易产生孤独感。老年人产生孤独感的原因有很多，比如儿女长大成人离开自己身边，退休后社会角色改变带来的失落感，年龄相仿的亲朋好友的相继病故，更严重的是配偶的去世……

一旦其中某一项或某几项降临后，很多老年人就会不可避免地走向孤独的低谷。

那么，老年人如何防止孤独感的发生呢?

1.改变旧环境

要防止孤独感的发生，首先要改变旧有的生活环境，不要离群索居。有条件的老年人可以在感觉孤独时和儿女生活一段时间，尽可能多地创造和人们交往的机会。如果不能和儿女住在一起，可以经常聚一聚，帮助带带孙辈，通过互相交流增进感情，尽享天伦之乐。

2.勤交流，多沟通

勤交流，多沟通才能加强人与人之间的相互联系，避免人际关系的冷淡化和疏远化。所以，独居的老人应多与身边的人交流，从文化教养到兴趣爱好等各个方面，互相沟通，互相学习。缩小和老朋友之间的差异，不要做脱离群众或者不合群的“怪人”。

3.勤学习，少代沟

老年人平时应多和晚辈联系，多关心儿女和孙辈的生活，这样做一方面可以让自己的生活更充实一些，另一方面也可以增进两代及三代人之间的相互了解，减少在思想感情及生活习惯、兴趣爱好方面的代沟。

4.勤交往，开眼界

老年人应尽量多地参加集体活动和有益的社会交际活动，多交几个性格开朗的朋友，遇事有人商量，也能得到外界的帮助。勤交往还可以在朋友潜移默化的影响下，养成良好的习惯，渐渐形成开朗的性格。

朋友多了，还可以根据自己的身体健康状况、经济条件和兴趣爱好，约朋友一起结伴游玩，借此开拓视野，陶情养性。

5.学才艺，寻欢乐

大千世界奇花异木、鱼虫鸟兽、文物古玩应有尽有。老年人觉得孤独时还可以根据兴趣选择，有寄托之物可以消除孤独感，还可以让生活过得五彩缤纷。

老年人离退休后闲居在家还可以培养自己的志趣，如练书法、学绘画、集邮、创作等，有了自己的兴趣爱好才会给生活增添无穷的乐趣。

自闭症："与世隔绝"的孤独者

自闭症在医学上被认为是一种由于神经系统失调导致的发育障碍，其病征包括不正常的社交能力、沟通能力、兴趣和行为模式。

儿童自闭症主要表现为不同程度的言语发育障碍、社会交往障碍、兴趣狭窄和行为方式刻板。因为先天发育能力不足，儿童自闭症患者有时会对周围的一切充耳不闻，视而不见，被人们称作"星星的孩子"。

自闭倾向也会发生在成年人身上。通常表现为退缩、回避的心理机制和消极的认知偏差等。当然，这里的"自闭"一词主要是用来反映成年人的一些类似自闭的症状。而青少年的自闭症状应根据不同的表现，用抑郁、社交恐惧、焦虑来定性更为准确。

自闭症多是由不良心理因素导致的，如果能准确地找到问题的根源与症结，就可以通过心理干预，并运用认知心理治疗。在这一过程中可以帮助患者逐步认清产生问题的原因，从而转变对世界的看法和观念，使他们完成社会化的过程，以开放的心态和行动去接纳自己以及生活的环境。这样也许有治愈自闭症的可能。

那些已经被确诊的自闭症儿童成年后则被称为大龄自闭症者。下面就是一个大龄自闭症者的案例。

李勇是一个大龄自闭症者。直到3岁，李勇都无法集中注意力，也不怎么说话，甚至连父母教的一些简单的知识和动作他也没有任何反应，更不懂得与人交往。父母发现了他的问题，带他到医院做检查，最后被诊断为自闭症。

确诊后，李勇已经到了读幼儿园的年纪，但是像他这样的自闭症儿童无法在普通幼儿园学习，本地也没有专门的自闭症儿童学校，父母只好聘请了一位老师，专门在家训练他。

到了读小学的年纪，父母不能将他单独留在家里，只好把他送到家附近的普通小学读书。李勇不喜欢集体环境，学校的集体生活甚至加重了他的症状，他经常自言自语，不能控制在课堂上的行为，当然更无法融入正常的学习和生活中。

更令父母头疼的是，李勇不时地有暴力倾向。一有不顺心的事情，他便无法控制自己的情绪，一点点小事也可能是他发脾气的理由。

因为没有正常的沟通能力，李勇整个青春期都把自己关在屋子中。

李勇的母亲一直在寻找训练自闭症儿童的方法，甚至辞掉工作，全职在家照顾孩子，每天带孩子做强度很大的训练，包括运动、语言认知方面的训练。

李勇成年后，父母便带他去各种机构学习，与其他自闭症者家庭沟通心得。父母原本希望，在多年的大量训练之后，李勇能够步入社会，但经过多年的训练，李勇还是没有工作能力，也不能正常社交。父母发现像李勇这样的大龄自闭症者最终的归途还是家庭。

心理学家研究发现，自闭症的实质损害是认知障碍，表现在早期的分享性注意和扮演行为上。如果能发现早期症状，早诊断、早治疗，无疑会对以后产生积极而有效的影响。

一部分患儿如果可以获得家庭的配合治疗，到青春期以后症状将有所改善，古怪刻板的行为会减少，社会交往和适应社会的能力或多或少地会有所提高。

那么如何从家庭方面着手来预防或者改善自闭症呢?

1. 表达关爱

缺乏交流和关爱是自闭症儿童的病因所在，家长要积极地创造机会与孩子沟通。每天保证有固定的时间单独和孩子交流。家长可选择在饭后、睡前与孩子交谈。谈话的内容要以孩子喜欢的话题为主。平时，选择一些能激发孩子交往愿望、培养良好交往技能的读物进行亲子阅读。还可有针对性地选择亲子游戏，以唤醒孩子对交往的渴望。

2. 多表扬，多赞美

自卑是自闭症儿童的强力杀手，家长要帮助孩子建立自信品质。自闭症的孩子往往会觉得自己在很多方面不如别人，因此每一个表扬、鼓励对于自闭症儿童来说，意义都非常大。成功的体验对自闭儿童并非一件容易的事，因此，家长要降低标准，为他创造成功的机会，努力去挖掘、放大他的优点。只要是行为意义积极的，都及时给予口头肯定、鼓励。

3.创造社交空间

缺乏交往能力是自闭症儿童的最大障碍，应积极为孩子创造交往空间。自闭症的孩子不愿与人交往，或缺乏交往的技巧。家长应创造一切机会，放手让孩子去接触身边可以接触的人，开阔视野，丰富经验。节假日多带孩子去公园玩耍或者参加同龄孩子的聚会。

4.培养孩子的独立能力

培育孩子的自立能力，切忌父母事事包办。让孩子学会自己的事情自己做，而且有意让孩子碰碰钉子，尝尝苦头，以磨炼孩子的意志力。

5.创造欢愉的家庭气氛

幼儿期的生活环境对性格的形成和发展有着重要的作用。父母间的亲密和谐会使孩子感到温馨和愉悦。相反，父母的不和与争吵会使孩子在心理上产生压力，久而久之会影响身心健康。

抑郁症：孤独感已达极致

“生而为人，我很抱歉。”这句听来十分抑郁的话，也许是大多数厌世的抑郁症患者心底最真实的声音。

抑郁症在当今社会已经是比较常见的心理疾病，它是心境障碍的主要类型，主要临床特征为显著而持久的心境低落。其主要表现为情绪低落，自卑抑郁，甚至悲观厌世，有自杀企图或行为，严重者可出现幻觉、妄想等精神病性症状。

抑郁症与一般的抑郁、郁闷有着本质的区别，普通的心情低落、郁闷的原因可能只是遇到了不开心的事，这时我们也会感到抑郁，但是这些不开心的事情大多都会指向外因，比如工作上遇到了困难，家人关系不好，友谊破裂，等等。这时只要放宽心，适当自我调节，也许很快就会好起来。

而抑郁症患者通常会把抑郁指向内因，容易把一切不愉快的原因归结于自己，伴随有强烈的自责和低自尊感，感觉自己卑微而毫无价值，严重的会导致出现自杀倾向。当抑郁、焦虑等低落情绪长期占据主导地位并超过正常的生理活动范围，严重影响正常生活时一定要引起重视，并及时向专业的医生求助。

短暂的郁闷、抑郁可以通过自我调节来改善，长期的病症困扰则需要理性面对，进行专业的救治。目前抑郁症仍是以药物治疗为首选，其他非药物的干预措施主要有心理方面的干预，如认知行为疗法等。

抑郁症如今已成为全球第四大疾病，陈翔就是一个抑郁症患者。

陈翔从小在优渥的环境下长大，过着衣食无忧的生活。陈翔的父母都是生意人，因为没有时间照顾他，就把他送到了外婆家。陈翔是跟着外婆长大的，虽然物质上很充足，但是没有父母的陪伴，他自小性格就有些孤僻。

中学时，外婆去世，陈翔才被父母接到身边一起生活。父母一直觉得没照顾好陈翔，对他心存愧疚，对陈翔几乎百依百顺。但是陈翔一直觉得和父母有距离感，不像别的孩子一样对父母那么亲近，那么依赖。

整个青少年时期，陈翔都感到无比孤独，他没有要好的朋友，没有人可以倾诉，久而久之，压力太重，导致睡眠出了问题，整天精神恍惚。他的成绩越来越差，最后只勉强考上了一个大专。

陈翔选择到外地读书，离开了家乡，本以为能交到新朋友，没想到他变得越来越孤僻，而且对生活失去了热情，开始否定自己，甚至出现了自闭症状。在学校老师的建议下，陈翔去医院做了检查，被诊断为轻度抑郁。医生建议他去看心理医生，他没有去，因为他不想让家里人知道。他对抑郁症了解得不多，听到是轻度抑郁便以为自己可以扛过去，但是每到夜里他就会感觉到疲惫不堪，觉得前途一片茫然。他变得特别无助，也不再信任别人，总觉得别人对他也是爱莫能助。陈翔开始自责，他觉得自己一无是处，还生了病，是个不正常的人。

老师发现了陈翔的反常，通知了他的父母。父母知道了陈翔的病情，给他办了休学，把他接回家里。父母自责不已，母亲甚至放弃了工作，专门在家陪他。在母亲的疏导下，陈翔的情况稍有好转，但是抑郁症不是可以自愈的，陈翔知道如果不求助医生，他是无法痊愈的。于是，在父母的陪伴下，陈翔终于鼓起勇气走进了医院。

据世界卫生组织统计，全球抑郁症发病率约为11%，全球约有3.4亿名抑郁症患者。都市生活的枯燥忙碌，压力太大都会增加我们的心理负担，抑郁症也会离我们越来越近。为了防止患上抑郁症，我们要学会自我预防。

1.保证睡眠

良好睡眠是消除身体疲劳的主要方式。只有保证睡眠充足，才能保护大脑，恢复精力。睡眠不足会导致精神萎靡，注意力涣散，记忆力减退，患上抑郁症的概率更高。所以预防抑郁症，首先要保证睡眠质量，如有失眠的困扰，要及时解决。

2. 建立自信

低自尊者更容易患上抑郁症，因为他们更容易自我否定，喜欢把过错归到自己身上。所以预防抑郁症就要对抗自卑心理，可以尝试一些简单的办法，如改变自己的穿衣风格，做一个新的造型，让自己焕然一新，忘掉从前的自己，重新建立自信。

3. 多多交流

交流和倾诉是疏解负面情绪的重要手段，抑郁症患者往往因为寡言少语，不喜欢和其他人交流才长期陷入低落的情绪中。与朋友多交流可以分享生活乐趣，抑郁的情绪也会被冲淡很多。

4. 充实自己

充实自己，开阔眼界才不会让自己困在一时的负面情绪里。建议平时多看书，通过书本来丰富自己的生活和阅历。平时也可以多听音乐，音乐对人的潜意识也有很强的影响，能够帮助你的大脑不被悲伤孤独的情绪占据。

5. 长期运动

分析发现，即使是低强度的运动也可以降低各年龄段的人患上抑郁症的风险。当然，中等强度的有氧运动也许效果会更好一些。

小测试：你的孤独承受等级是怎样的？

孤独的十二个等级，你属于第几级？

一级孤独

一个人逛街

二级孤独

一个人喝咖啡

三级孤独

一个人看电影

四级孤独

一个人吃火锅

五级孤独

一个人喝酒

六级孤独

一个人候机

七级孤独

一个人去KTV

八级孤独

一个人看海

九级孤独

一个人去游乐场

十级孤独

一个人庆生

十一级孤独

一个人搬家

十二级孤独

一个人看医生

第四章

尝试与孤独和解，重塑更好的自我

觉知孤独：发现孤独的存在，愿意与之共存

人类对社会联系的依赖，决定了我们必然会对孤独产生恐惧。但是孤独无所不在，几乎成为人类的一种自然属性。面对孤独时，逃避或对抗都不会帮到我们，最好的办法就是觉知孤独的存在，并愿意和孤独共存。

觉知孤独从来不是一件容易的事，因为害怕孤独，导致我们一旦感觉到孤独的存在就会迫不及待地做一些事来分心去对抗孤独，试图不让心智感觉到它的存在。但是这往往收效甚微，因为一旦我们停下手里的事情，孤独就会如影随形。

真正可以与孤独共存的有两种人，一种是主动享受孤独的人，他们离群索居，远离都市，不再依赖社会联系，便也不再惧怕孤独。他们在孤独中开悟，努力寻找人生的意义。孤独对他们来说不再是痛苦，而是独处的自由。他们不需要再因逃避孤独去做违心的事，孤独反而让他们超越自我。

另一种是被动接受孤独的人。那些到了陌生城市，离开了熟悉社交圈的人，或者因为性格原因不能自如交朋友的人，他们无法为了抵抗孤独，强迫自己迎合别人，只好学着如何与孤独相处。他们就像被放逐到了一个荒岛上，当孤独袭来时一样恐惧却无路可

逃，可是当他们感受到孤独带来的自由时，他们就慢慢接纳了孤独，最后变得享受孤独。

孤独几乎与生命并存，不要试图逃避它，也不要妄言挑战它。我们能做的只是平心静气地觉知并接纳它。只有这样，我们才能避免因为害怕孤独而违背本心去讨好某些文化观念、团体人群、权力与金钱等，真正做到忠于自己。

孙萌是一个孤独的人，也是一个享受孤独的人。

孙萌最近申请了年假，自己一个人去了遥远的边疆小镇旅行。她收拾好行李，拿着一张机票、一台单反、一本书就出发了。

一个人的旅行，可以自由掌握时间与行程，孙萌有时候会睡到太阳高升才起床。就算起晚了，她还是会从容地出门，如果幸运还会在街角遇到特色小店，她常常会在这样的小店里待上大半天，而不会因为没去赶景点而感到遗憾失落。

有时候，她就想拿着一本书在酒店的草地上躺上一天，感受当地的氛围，也不必担心是否需要获得同行者的同意。

孙萌就是这样一个喜欢孤独的人，她喜欢那种没有嘈杂的环境，喜欢独处时心如止水的感觉。有时候，她会一个人坐在公交车上，耳机里放着安静的音乐，望着窗外掠过的街景发呆，什么都不想。

孙萌的性格并不孤僻，也会经常和朋友一起出来聚聚，聊聊天。她是到这座城市工作后才开始享受孤独的。一开始没有相熟的朋友，孙萌也因为寂寞无比苦恼，可是刻意去建立新的人际关系让她感觉更加辛苦，于是便开始学着去享受孤独。

孙萌孤独久了，什么事情都喜欢一个人，一个人旅行，一个人吃饭，如果有一个人的火锅，自己也会光顾。正是因为这样的性格特点，孙萌的为人处世多了一份淡然，多了一份从容。

不管人们怎么努力逃避孤独，孤独感却总在一生中伴随着我们。所以不如学习孙萌，试着做一个享受孤独的人。

我们通常默认每个人都有害怕孤独的属性，却忽略了那些有社交恐惧的人可能是更喜欢独处的人，但害怕孤独的论调强迫他们回到群体中，这样给他们带来了痛苦。如果社会高度认同喜欢独处的人，那么有社交恐惧症的人也许会被认为是富于创造的、沉静的、自给自足的人。如果不是默认孤独会带来恐惧，孤独体验也许是人独特的精神享受。

那么我们该如何学着与孤独相处呢？

1.认清孤独

很多人在意识上都觉得，孤独，是被朋友孤立，是不被人重视，是没有人陪伴。其实并不是这样，孤独有时候是我们自己的选择，它代表的是自己一个人的时光，是静立于自己世界的娴静与平淡。

2.认清自己

只有独处才能让我们认清自己，也许自己并不是害怕孤独的人。独处的时光里我们可以做一切自己想做的事情，说一切想说的话，就像是只有自己的世界，拥有自己的舞台，在这个孤独的小小世界里尽情地寻找专属于自己的快乐。

3.打破成见

当孤独带给我们的只有焦虑和迷惘时，我们就一定要让自己变得合群吗？当然不是。

我们耗费了太多的时间和精力去努力改变自己，迎合周围的环境。当我们在试图改变自己迎合他人的时候，有没有想过，其实孤独的状态反倒留给我们更多时间，能让我们想清楚更多事。

4.享受独处

独处时我们可以做很多事，比如独自去坐公交，看看这个城市，边看边想，也许是个散心和思考的好机会，又或者是观察这个世界的一个好办法。独自去旅行，一个人看风景。

没人相陪，独自去流浪旅行，两三天或半月甚至一个月。去欣赏别处的风景，开阔自己的眼界，找几天去走一走，那份境遇或许好或许不好，都很有趣。

接纳孤独：遇见真正的自己，保持清醒和独立

《百年孤独》的作者加西亚·马尔克斯曾写过这样一句话："生命从来不曾离开过孤独而独立存在。无论是我们出生、我们成长、我们相爱，还是我们成功失败，直到最后的最后，孤独犹如影子一样存在于生命一隅。"

孤独是永恒的，但是这世界却没有人喜欢孤独。为了逃避独处，我们总是积极地融入各种人群中，即使兴趣不同，我们也不愿忍受独自一人。因为怕寂寞，我们盲目地社交，但是在话不投机的交往中我们收获的只有失望而已。这是一个可悲的事实，为了不孤独，我们宁愿不自由。

其实，对抗孤独最有效的方法是学会独处，学会接纳孤独。孤独让你思想自由，让你面对真正的自己，让你重新认知这个世界。如果不是孤独，你可能永远不会审视自己，永远不知道自己真正的追求是什么。你也许会沉浸于大众眼中那些约定俗成的幸福里，永远不知道遇见知己和爱人的美好，永远体会不到"斯人若彩虹，遇上方知有"的悸动。

与寂寞相比，孤独应该是更高级的状态。孤独可以让你在喧嚣的尘世中安静下来，审视自我，调整自己，这是一个自我认知与修正的过程。

接纳孤独并没有我们想象的那么难，下面的案例中，肖铭就是一个从害怕孤独到接纳孤独的人。

肖铭虽然是个男生，性格却是多愁善感。他从小就害怕孤独，读书时总是尽力交很多朋友，只有和三五成群的朋友在一起，他才会感到安心。读大学后，肖铭总喜欢和宿舍的同学在一起，很少独自活动。有时候同学要去图书馆补习功课，肖铭没事可做也会跟着一起过去。但是肖铭不爱看书，坐在图书馆里总是感到非常无聊。可就算无聊，肖铭也不会提前走，他觉得一个人孤零零的，太可怜了。肖铭没有意识到自己为了不孤独，几乎快失去了自我。

肖铭害怕孤独，一段不合适的恋情，却总不愿意分手。终于，女友受不了吵闹的日子坚决地分了手。肖铭失恋后到处找朋友哭诉，拉着同学喝酒、聊天，每天都折腾到很晚。有一次，一群人带着酒到学校的花园里开导肖铭，肖铭坐在角落里忽然发现朋友们都开开心心地嬉笑打闹。那一刻，肖铭忽然愣住了。他知道朋友们在乎他的感受，明白他的伤心，但他们不会对他的伤心感同身受，他觉得每个人都是一座孤岛，朋友再多，仍是孤独的。

从那刻起，肖铭明白了一个人大部分的事都和别人没有关系，只是自己赋予了它意义才会觉得特别。肖铭开始学着接纳孤独，开始学着做自己。他开始独处后，慢慢不再害怕一个人。他可以一个人去超市，一个人吃饭，甚至一个人在宿舍里安安静静地看一本书。这时候他觉得一个人也没有什么不好。

在一个孤独的夜晚，肖铭忽然醒来，看着窗外的一轮明月，他想起从前岁月里那个害怕孤独的少年，有一种恍如隔世的感觉。肖铭终于明白，人生本来就是孤独的，人与人的孤独虽大抵相似，但是并不相通。每个人都要独自长大，独自面对这个世界。

肖铭的故事说明了一个道理，一个人经历得越多，对世界、对自己的认识越深刻，而思考得越深入，就越会感到孤独。我们害怕孤独，所以努力维系各种社会联系，却忘了人与人不论走得多近，孤独还是存在的。

我们心底永远有不想为人知的一隅，所以我们无法做到彻底分享，人生总有那么一刻是需要独处的。独处的时刻我们就要学会接纳孤独，在独处的时间里更多地审视自我，享受那种孤独的感觉。

那么，有哪些方法可以帮助我们接纳孤独呢？

1.认识孤独的本质

孤独，不是单纯的无聊，也不是单纯的寂寞。孤独是特别的创造力。我们在孤独时做的事情，决定了我们将会成为什么样的人。

所以是孤独创造了我们，让我们成为特别的存在，也让我们区别于他人。

2. 把孤独当作成长的机会

在快节奏的社会里，我们每天都在马不停蹄地学习着新知识，却忘记了花费时间来消化吸收。所以只有当我们在每一个孤独的时刻都进行思索，去构建一个完整又不断深入的精神世界，才能成为一个既独立又不断成长的人。

3. 坚持独立的精神世界

有时你觉得孤独，是因为精神是贫瘠的。唯有读书、学习、反省、实践，才能通向理智。旅行、阅读、写作等都可以陪伴我们度过孤独的时刻。孤独是一种最本质最昂贵的自由。因为拥有孤独的人，才能拥有真正的自我。

精神转移法：在孤独难耐时转移自己的注意力

人一旦有了不良情绪，往往会长期陷入这种情绪中，不理智地处理问题，一直对某件事或某个人耿耿于怀，造成纠缠不清的局面。这时候就可以试试精神转移法，让自己从郁闷烦躁的情绪里走出来。

精神转移法是指运用各种精神调节的手段，把人的注意力从一件事转移到另一件事上，从而使不良情绪从不愉快的环境中转移出来的方法。精神转移法的目的就是通过转移注意力，达到心态平衡。个体为达到减轻、消除不良心境所采取的转移行为都可以称为精神转移法。

精神转移法可以缓解来自不良事件的持续刺激，帮助人们恢复理智和冷静，更好地处理出现的问题。精神转移法分为被动转移法和主动转移法。

1. 被动转移法

被动转移法是指发生不良情绪时，被动离开引起不良情绪反应的场所，暂时避免与该事件发生的场所及其相关人员的接触等，以达到精神转移的效果。譬如亲人受到伤害的场所，或者恋人分手的场所，都可能让当事人的不良情绪进一步加剧。这时应该将产生不良情绪反应的有关人员劝离事件发生现场，避免环境、相关人员对他们继续产生不良刺激，譬如劝阻受害者的亲属离开事故现场、避免失恋者故地重游等，这些都是缓解矛盾、理顺情绪的精神转移方法。

2. 主动转移法

主动转移法是指主动把自己的情感和注意力从引起情绪剧烈变化的事件中转移出来，投入到新的更有意义的工作中去。在现实生活中，只有与自身利益相关的事才会对自己产生强烈的情感刺激，要消除这种刺激仅靠躲避是不够的，只有主动地转移情感，寻找新的精神依托，才能慢慢淡化不良情绪。

一般情况下，主动转移是通过相互替代的方式来实现的。比如工作中出了不愉快的事，可以在生活中寻找其他的乐趣来缓解；而生活中的不幸则可用事业中的成就感来弥补。只有产生新的乐趣或新的收益，才能告别过去的苦闷和失落感。

作为一名资深客服，李茂就是一个比较会用精神转移法的人。

李茂是一名资深客服，每天的主要工作就是和客人沟通。他原本是一个性格开朗的人，特别体贴别人。但是刚做客服那一年，他几乎快被客户那些稀奇古怪的要求逼得失控了。工作没多久，李茂就觉得自己都快变得有些自闭了，他不知道自己工作的意义是什么，自己的工作全都是为了迎合他人。只有顾客开心了，他才算做好了自己的工作。

一年后，李茂终于打了退堂鼓，打算和经理提离职。经理知道他这个想法后，没有劝他，而是让他观察一下。这时，正好有一个客户咨询售后的问题，经理就耐心地和客户讲解流程。当发现产品已不在售后服务期时，客户开始胡搅蛮缠，经理从自己的座位下拿出一个解压神器——一个硕大的“回车键”，并把它插到电脑上。经理一边给客户回复，一边大力地敲打那个“回车键”发泄。等处理完这个客户咨询，经理就对他说："你看，这就是精神转移法。无论什么工作，我们都会遇到难缠的人，但是不能让他们影响我们的生活，我们该开心的时候还是要开心才行。"

不知道是经理的话启发了李茂，还是那个硕大的"回车键"让李茂感到好笑，最后李茂决定留下来。之后，李茂有了自己的精神转移法，他在这个行业越做越好，不仅升了主管，还开始给别人做讲座。

精神转移法可分为注意转移和行动转移。注意转移是指把注意力从消极情绪转移到其他方面；行动转移是指把情绪转化为行动的力量，把消极情绪转移到其他积极活动之中。一般而言，注意力转移的力度越大，负性情绪转移的可能性也就越高。下面是注意转移和行动转移的几个具体建议。

1.开阔心胸

注意转移法可以用开阔个体心胸的方法来转移注意力，以达到调节心态的目的。比如外出旅游，去向往已久的旅游地散心，你的心胸就会打开，不再困于往日的郁闷中，从而重新开启你的生活。

像旅游等活动不仅能转移注意力、开阔视野，还能让自己的心态趋于平静。

2. 消遣转移

消遣转移法，是鼓励个体通过参与所喜爱的娱乐消遣，如下棋、画画、跳舞等以转移注意力，忘却烦恼。

生活中，面对不良心境的折磨、负性情绪的刺激，最好的办法是脱离现场，去寻找新的消遣。专注于新消遣的时候，你就可以让自己从不良情绪中暂时解脱出来，重新认识自我，重新评价不快的事件，如果你在这个过程中能够做到换位思考，从自身查找原因，就可以更快地修正自己，让自己摆脱糟糕的情绪。这种冷静的、理智的思考过程，是负性情绪的冷处理过程。

此外，还可以通过与知心朋友畅谈、与同行探讨工作、与棋友下棋娱乐或者阅读书籍等各种方式来达到改善或调节情绪的目的。

3. 繁忙转移

在心态不佳的情况下，可以有意地给自己安排一些工作任务，让自己的注意力集中在该项工作上而忘掉给自己带来不快的事情，你也可能因为顾及工作而无暇思考其他的事。还要注意，这时候选择的工作最好是不太精细、危险性小的任务，以避免自己注意力不集中而造成不应有的损失。如作业疗法中的农活疗法、拾豆疗法等。

摆脱“聚光灯效应”：人们并没有那么关注你

不知道你有没有过这样的经历，早上起晚了只好顶着油头急匆匆出门去上班，上班途中总觉得别人在盯着你看，到了公司又觉得同事都在笑你没洗头。这一整天你都因此忐忑不安，生怕别人主动问起，只好低着头坐在工位上，不敢多看同事一眼。

也许每个人都有过尴尬的时刻，比如穿了过短的裙子出门，或者蓬头垢面碰上前男友，这些我们自认为尴尬无比的瞬间，让我们始终无法释怀，总觉得自己丑态百出的样子肯定会成为别人的笑柄。然而实际上可能根本没人注意到你，也没人长时间留意你的尴尬，除了你自己。

这种过度放大自己问题的心理就是“聚光灯效应”，又称焦点效应。

1999年，康奈尔大学心理学教授汤姆·吉洛维奇和美国心理学家肯尼斯·萨维斯基在期刊上发表关于“聚光灯效应”的实验报告，验证了人们总认为自己是一切的中心，是所有情境的焦点。吉洛维奇和萨维斯基由此推论：人们太在乎和自己有关的事物，以为别人的目光都聚集在自己身上，这就是“聚光灯效应”。

我们普遍会高估别人对我们的关注程度，想象着自己站在聚光灯下面，一举一动都吸引着别人的目光，误以为别人对我们的关注程度比我们自己还要多。

实际上，存在感是一件相对性很强的事，你眼中的自己和别人眼中的你有很大的差别。我们很难评估自己所谓的失态和尴尬在别人眼中有多重要。我们认为自己处于聚光灯下，所以才觉得目光都聚焦在我们身上，但事实上可能根本没人那么在乎你的行为。换句话说，我们并没有自己想象的那么重要，别人也没有那么在意你。

李茹就是太在意别人的看法，总觉得自己每天生活在聚光灯下面。

李茹是个要强的姑娘，凡事都希望能做到最好，为此她非常注意提升自己，年纪轻轻就已经升任了部门主管。她性格比较和善，待人礼貌大方，只是有一个缺点令她自己都感到比较苦恼，那就是太在意别人的看法。因为这个原因，她虽然升职做了主管，却不知再怎么提升自己。因为每当进入一个新环境时，她都会感觉不自在，害怕自己的行为举动会造成对方的误解和敌意。因为过度在意自己的形象，希望处处都能表现出自己的能力，她不敢乱说话，也不敢乱表现，误以为每一句话和每一个表现都会被记住。所以主管会议上她都是百般斟酌后才发言，在高层眼里存在感比较低。

李茹的心理问题很大一部分原因是家庭教育造成的。李茹的父母坚信精英教育，在李茹很小的时候就以一些严苛的标准来要求她，而且也很少会夸赞李茹，总是会拿她和别人家的孩子作对比。这就导致了李茹现在格外在意别人的看法，她从小一直都是以别人的评判标准来看待自己，试图去满足别人的期待。别人对她的赞同或否定都会对她的情绪造成很大的影响。

李茹很容易放大自己的问题，比如上台演讲，她总是觉得大家能看到她的手紧张得在抖。实际上，每次公开演讲，同事们都觉得她表现很好。但是李茹还是会有被很多人关注的幻觉。而当她真的处在被聚光灯打中的场合时，她会不自觉地放大自己的存在感，感觉所有人都盯着自己，当自己稍微犯了一点错误，立即就会进入死循环，把小错误无限放大，从而导致自己更加紧张，更加害怕别人的目光。

在某种程度上，李茹还有一些讨好别人的倾向。李茹进入社会后接触了很多人，有些人也和她一样，过于在意别人。李茹发现他们这类人都有一个共同点，那就是不知道也不会去表达自己的需求，这一点是导致他们总是会过度在意别人看法的根本原因。

相比较他人，人们普遍更在意自己的感受，所以生活中我们总是把自己遇到的一些问题无限放大，特别是当你出丑时，就会觉得所有人的目光都落在自己身上，甚至事后对这件事情一直念念不忘，影响心情。实际上别人真的没那么在意你。我们完全不需要时刻保持一种高度的紧张感，更不必因为自己犯的一个简单错误就无地自容。

那么，我们该如何克服“聚光灯效应”呢？

1.认清存在感

在这个忙碌的社会里，每个人都行色匆匆，一些事的存在感可能比我们想象的要低得多。我们不必担心某一次出丑会让别人念念不忘，因为不是每个人都会关注到你。有时候你大声疾呼，也不见得有人会注意到你的存在。

事实上，即便我们某次当众出了大丑，大多数人可能只记得大概有这么一回事，也许连你的模样都记不住。所以认清自己的存在感，不要过分夸大，人与人之间的了解本来就非常困难，不必害怕一两次的出丑会对自己有什么影响。

2.提升安全感

不必痴迷于别人对自己的看法，因为每个人最关心的只有自己。你担心自己出丑时，别人可能已经把注意力放在了更值得自己关注的事情上。认识到这一事实，我们就不必为自己偶尔一次的出丑感到焦虑。

想要克服“聚光灯效应”带来的焦虑，还可以通过提升自己来提升安全感。我们的恐惧往往来自未知，不知别人如何评价自己才是焦虑的来源。我们提升自己后就可以建立自信，只有心理上有了安全感才能从根本上克服焦虑。

跳出“他本位”：甩掉内心不安的源头

心理学家研究发现，当群体中个体在一个足够大的群体中存在感很低时，个体便会失去自我，并会按照群体的“要求”或者不自觉地模仿群体中其他成员的行为而行动。这个过程也就是我们所说的去个体化。去个体化也是一种“他本位”的思维，即个体在群体中失去了自我，凡事都以他人的标准作为自己的行为准则。

“他本位”思维是对自我的关注和约束降低的表现，也正是因为这样，当个体身在集体中时并不会意识到这一点。

个体失去自我后还容易产生依赖型人格障碍，表现出对他人的言听计从，对与他人关系的重视远远强于对自我体验的重视。这样的人会有深深的不安全感，不敢表达不同意见，并且很少独立做出计划和行动，总对他人言听计从。

具有“他本位”思维的人没有明确的目标和理想，整日忙碌却没有自己的方向。对这类人而言，尽快改变迷失自我的状态是最重要的。

沈妍就是迷失自我群体中的一员。

从小到大，沈妍就是那种有求必应的人，在别人眼中她就是个“老好人”。她习惯性地顺从别人，很少有自己的主见。

小时候，朋友去哪儿玩，沈妍就去哪儿玩，朋友玩什么，沈妍就跟着玩什么。有时候即使玩一个不喜欢的游戏，沈妍还是会告诉自己，要合群，大家都是这么做，如果自己不这么做，可能就交不到朋友了。

高考结束后，沈妍想要到外面的世界看看，于是决定报考一所外地的学校。但是当时父母正闹离婚，母亲百般阻挠，无论如何不让她到外地去。沈妍当时也没有什么想法，看着母亲可怜的模样，还是选择报考了离家近的学校。

现在想来，那可能是沈妍唯一可以到一个新的地方探索自我的机会。可因为沈妍习惯性地没有主见，这样的机会被错过了。进入大学后，沈妍觉得自己已经是一个成年人，却对自己一无所知。就连报考的专业也是参考了同学的意见。沈妍觉得自己的前半生都是在无知中成长的。她就像《楚门的世界》中的主人公一样，活在了一个虚拟的环境里，对自己和周围的世界一无所知。

工作后，沈妍发现好多同事和自己不一样，他们在做选择的时候，都是以自己的感觉和喜好作为首要衡量标准。而沈妍做决定时都是以别人的意见为准。她的职业是因为别人觉得好她才选择的，而不是因为自己喜欢。她习惯了听从别人的意见，已经不知道自己真正喜欢什么了。

而沈妍觉得即使自己喜欢，也不能任性。她只能选择一个性价比高的职业，因为别人都是这么选择的。而实际上，沈妍更想做一个动物学家，但是为了生计，她甚至都没努力一下就放弃了自己的所爱。

一方面没有想法，另一方面已经习惯了向这个世界妥协，沈妍就这样活成了一个没有自我的人。沈妍觉得这一切都是因为当初自己的无能，如果当年她有勇气摔门而出，也许就可以远离母亲，自立门户。但是那一次她妥协了，之后的人生就永远这么妥协下去了。

如果一个人做事永远不从自己的愿望出发的话，就会像沈妍一样变成一个失去自我的人。一个失去自我的人就会盲目地追随别人，没有自己的信念，做任何事都没有明确的目标。这种失去自我的状态在恋爱关系中最为常见，如果恋爱中的一方总是处于弱势，对对方有求必应，把对方的好恶当做自己生活的主旋律，就失去了自我，这种关系是不健康的。

一个人应该遵从自己的内心，不受他人影响，做自己想做的事，才是忠于自己的。只有自爱自尊的人，才会获得他人的尊重和爱。那些舍弃自我的人，也将被别人舍弃，只有重拾自我才是唯一的出路。

那么，我们该如何重拾自我呢？

1. 重拾理想

真正能激励你奋发向上的往往是一个既宏伟又具体的目标。如果目标很小而且不够明确，许多人会失去动力，整天碌碌无为。所以要重拾自己的理想，不管这个理想有多远大。只要能激发你的动力，那就是好的理想。

2. 慎重择友

一个人的朋友圈可能会改变他的生活。所以，对那些不支持你的“朋友”要敬而远之。结交那些希望你快乐和成功的人，才会给你带来更多益处。乐观的同伴会让我们看到更多的人生希望，对生活充满热情的人也会让我们充满热情。

3. 正视危机

每个人都喜欢待在自己的舒适圈里，让自己生活得风平浪静，却忘了只有危机才能激发我们的潜力。当然，我们不必刻意制造危机或者坐等危机到来，只需要从内心正视危机，有挑战自我的意识就足够了。

4. 珍惜点滴

不要忽视生活中的小事，人生的旅程如同绘一幅巨画一样，不要怕精工细笔。细微处的改变是最容易做出的改变。珍惜生活中的点滴，一件小事做得与众不同，也会让你走出迷失自我的旋涡。

5. 敢于犯错

每个人本能上都是害怕犯错的，所以当我们感到自己“状态不佳”或精力不足时就会把必须做的事放在一边，或等待合适的时机降临。但是谁也不知道合适的时机究竟哪天会到来，所以空等是不可取的。俗话说，万事开头难，但一件事只要开始做起来你一定会乐在其中。

回归“我本位”：寻找理想自我与现实自我的结合点

心理学上有一个“自我同一性”的概念，这是一个与自我、人格的发展有密切关系的多层次、多维度的心理学概念。但这个概念至今没有一个为大家普遍接受的定义，本质上是指人格发展的连续性、成熟性和统合感。简单来说，自我同一性就是一个人能整合自己对自己，以及他人对自己的观点和看法，并形成一个完整的自我意识。

自我同一性遇到危机的人，会不知道自己是谁，不知道自己属于哪儿，不知道自己该扮演什么样的社会角色，更不知道自己的人生要走向何方。

而自我同一性发展的良性结果就是自我认同，这是“我本位”的回归，是“健康的自我”。“健康的自我”对自己的存在、价值都有积极的体验。

“我”来到这个世间，是不是有价值的，是不是值得被爱的，是验证自我同一性发展好坏的标杆。当我们对于“我”有清晰、笃定、良好感觉的时候，“自我”意识就会显现出来。我们想通过这个“我”，在世间表达、创造、体验时，就需要自我认同，需要“健康的自我”，需要“我本位”的回归。

李贤曾经是个迷失自我的人，最终在自我拉扯中，找到了积极的自我。

李贤从小就是“别人家的孩子”，他成绩一直名列前茅，各种竞赛奖杯拿到手软。母亲对李贤只有一个要求，那就是好好学习，在母亲眼中只有成绩，其他都不重要。李贤喜欢音乐，一直想学习小提琴，但是母亲怕耽误学习，一直没同意他去学。有一次学校举办了一场联欢会，当李贤看到同学在台上陶醉地拉着小提琴时，李贤长那么大第一次体会到遗憾的滋味，他第一次冒出违抗母亲的念头。

李贤知道母亲一直有一个名校梦，小时候家庭条件不好，母亲没有机会考大学，于是把读名校的愿望全部寄托在了他的身上。所以文理分班的时候，母亲强烈要求李贤读理科，理由是理科更容易读到好学校。李贤对此非常纠结，他不喜欢理科，他更喜欢文科，将来想上艺术院校。但是艺术在母亲眼里是不务正业，即使将来考上优秀的艺术院校，在母亲看来也是丢人的。

李贤在母亲带来的压力下寝食难安，成绩明显退步了。班主任特意找李贤谈话，问他成绩下降的原因。李贤如实相告，班主任开导他说，高考是人一生中最重要的时刻之一，要弄明白自己真正想要的是什么。好多人一生都不知道自己想要什么，因为他们没找到自我，所以懵懵懂懂过一生，连自己的遗憾都没察觉。

李贤听了班主任的话，决定选择自己喜欢的文科，他告诉母亲不想自己一生都没有真正的梦想，不想让母亲的意志入侵自己，不想被母亲的愿望绑架。

虽然母亲极力反对，但是李贤还是坚定地选择了文科。为了安抚母亲，李贤没有去艺术院校，而是考取了其他名校。母亲这才选择妥协，不再对此耿耿于怀。

李贤并没有放弃自己的艺术梦想，读研时，他特意选择了一所艺术院校，并成功考上了心仪导师的研究生。母亲知道李贤已经长大，终于不再左右他。

李贤的觉醒就是“我本位”的觉醒。他活出了自我，是因为一直没有放弃自己意识里上天赋予的那部分。他放弃了成长过程中主动或被动被母亲掌控的意识，完成了自我觉醒的过程。

虽然人人都渴望活出自我，但我们在成长过程中，为了抵御伤害，早就在心底建立起了一层又一层的防御机制，这些防御越厚，我们离真实的自我就越远。比如幼年经常挨打的孩子为了压抑挨打的痛苦就会把自己封闭起来，但是当我们压抑掉一部分自我时，自我就会相应缺损一些。所以，想要活出自我就要面对自己真实的感受，触碰到真实的自己。

“做自己”并不是不顾别人的感受，自己想做什么就做什么，“做自己”是确信自己的存在和价值，是对自己肯定，接纳自己的过程。我们对自己的感受需要给予接纳和尊重。但是，我们不伤害别人。

关于如何“做自己”，下面给大家提供了几点小建议。

1. 挑战自己

只要不断挑战自己，你就会从成功的挑战经验中获得新的动力和力量，内心也会发生奇妙的变化。但是，挑战自己必须是积极的体验，不要为了寻开心而进行无谓的挑战。因此，要找出可以让自身的情绪高涨的挑战以不断激励自己。

2. 直面恐惧

我们战胜恐惧后迎来的必然是某种安全感。哪怕克服的是小小的恐惧，也会增强我们对自己的信心。如果一味想避开恐惧，反而会让恐惧对你穷追不舍。只有直面恐惧，才能直面自我。

3. 挑战自己

如果面临的情况棘手，而自己又犹豫不决不知如何下手时，那么不妨从最难的事开始。克服最难的状况，剩下的就可以水到渠成。

生活带给你的难题你都可以用来挑战自己。这样，就可以为自己开辟一条成功之路。因为成功的真谛是：对自己越宽容，生活对你越苛刻，而对自己越苛刻，生活则对你越宽容。

提升自我评价：越自信的人越不怕暴露弱点

心理学家研究发现，自我评价有利于个体的自我提高，可以促进自我完善。因为人们通常是通过自我评价来进行自我形象管理的。为了有效地管理自己的形象，人们会经常自我评估，并有意识地根据他人对自己的印象进行管理。比如注重自己的着装打扮、提高语言表达能力等来完善自我。因此，自我评价实际上也是为了改善他人对自我的印象，获得他人的肯定，并以此来建立自信。可见，人们的自我评价并不是孤立的，而是和他人的评价密不可分的。善于自我评价的人会利用他人的评价来反思自己、修正对自己的评价，并努力争取他人的更高评价。

一个人要通过自我评价来促进自我发展、自我设计、自我实现和自我完善，就必须正确地评价自己。如果不能克服自我评价的障碍，自我评价的功能必然无法充分发挥出来。

心理学有一个自我服务偏见理论，指的是人们倾向于将成功归因于自己，而把失败归因于外在因素。它是一种主观主义的表现，也是一种归因偏见。这种自我服务偏见有助于保护自我，但是这种偏见是由不正确的自我评价导致的。也就是说，自我服务偏见会导致个体的自我评价出现偏颇，从而导致不能正确把握自己的状态和发展趋势。这样的自我偏见也会使人的行为出现偏差。

自我评价实际上反映的是人们对自己的态度，一个人不能正确对待自己，必然也不能正确对待他人。所以，要防止不公允的自我评价发生，反对过高或过低的自我评价，提倡实事求是地评价自己。

文浩是一个不自信的人，通过提高自我评价找回了自信。

文浩从小就觉得自己很平庸，不仅长相普通，成绩一般，而且沟通能力也不行，一直没什么朋友。读书时，他在班里就没什么存在感，工作后有一次参加同学聚会，好多同学甚至都叫不出他的名字。之后文浩再也没参加过类似的聚会。

因为没有自信，文浩说话声音一直很小，平时也比较沉默，不太愿意和人交往。面临重大决定时，文浩也是优柔寡断，拖拖拉拉，总担心自己做的决定是错的，不相信自己。

因为性格原因，文浩怕自己到了外地不能适应，就选择在本地上大学。文浩知道自己存在问题，却一直下不了决心改变自己。直到大四快毕业的时候，隔壁邻居在国外留学的儿子回来，他见到文浩就夸他比以前英俊了很多，还和文浩讲了很多外面的见闻。文浩一方面受宠若惊，另一方面又很羡慕，自己也想出去看看。母亲知道文浩的想法后鼓励他到大城市找工作，看看外面的世界，如果不适应就回来。

文浩在母亲的鼓励下，签了一家外省的传媒公司。文浩本身很喜欢传媒行业，工作后兢兢业业，很快就得到了主管的赏识。文浩发现自己并没有想象中的那么差，他对自己的评价变得越来越高，工作上也越来越出色。

文浩很庆幸自己有勇气改变现状，他在改变中建立了自信，也在自信中变得越来越好。

文浩这时才发现一个强大的人不是天生的，只有去经历、去挑战，才会让自己内心变得坚强自信。永远不要看低自己，只有相信自己才能真正认清自己。

正确的自我评价是正确认识自我的先决条件。在现实中，与他人的比较要尽可能地全面、辩证、灵活，才不会导致自我服务偏见。通常，人的知识、才能处于离散、朦胧状态，需要人们不断地发现、挖掘和开发。只有对个人的喜好、思维方式、毅力以及知识结构等多方面进行全面的考察，才能做出科学的自我评价。

那么，如何正确地进行自我评价呢？一般可以通过两种渠道：直接的自我评价和间接的自我评价。

1.正确的直接评价

首先，直接评价就是要熟悉自己原本的条件，包括健康情况、心理、情感、爱好、知识、特长、智力、能力等，自己的生物节律周期、智商指数、气质类型、性格类型等也可以作为参考。

其次，把自己在不同领域的成绩，比如对各科目的学习成绩进行比较，借以发现自己的优点，确定奋斗的目标。

最后，不要把思想集中在自己的错误上面，考虑一些积极的想法和感觉，建立自信，使自己感觉良好并且精力充沛。

2.正确的间接评价

间接的自我评价法，是指通过与他人行为的对照及情况的对比，发现自我认知的偏差。一些人不能对自己做出正确的自我评价多半是因为当局者迷，所以不妨与他人相比较之后再客观评估一下自我。

总之，我们的自我印象源自自我评价，我们如何看待自己，是能力超群还是无能为力，决定了我们是否可以自我提高，进行自我完善。

自我实现：罗杰斯是如何与孤独和解的?

20世纪五六十年代，人本主义作为一股新的心理学势力在美国兴起，成为行为学派和精神分析学派以外的第三势力。美国心理学家卡尔·罗杰斯正是人本主义的代表，被誉为“人本主义心理学之父”。罗杰斯的著作《论人的成长》，以他本人的经历为主线，讲述了人类心性的成长经验。

精神分析学派注重挖掘人类内心深处的欲望和动机，行为主义学派则认为心理学不应该研究意识，只应该研究行为。相较于这两大心理学流派，人本主义更关注“人性”。人本主义反对像行为主义那样将人等同于动物、只研究行为，也批评弗洛伊德只研究神经症和精神病人而忽略正常人的心理。尊严、价值、创造力、自我实现、潜能是人本主义的一系列关键词。

作为人本主义的代表，罗杰斯长年从事心理咨询和治疗的实践与研究，主张“以当事人为中心”的心理治疗方法，首创了非指导性治疗（案主中心治疗），强调人具备自我调整以恢复健康的能力。

在《论人的成长》一书中，罗杰斯讲述了他的童年经历。童年的罗杰斯对寂寞孤独有着深刻的体会，在品尝寂寞与孤独的同时，他也理解了倾听和沟通的意义。在罗杰斯看来，倾听不仅仅是听，还要走进倾诉者的内心，听到他的思想和情感，甚至是他自己还未意识到的、内心隐蔽的诉求。罗杰斯认为当一个人鼓起勇气将最私密的内心展现给他人，却没有得到应有的理解时，就会产生孤独。这样的经验足以促使一些相对脆弱的个体患上精神疾病。出于这种对人的关怀，罗杰斯才将倾听看得更重要。后来，罗杰斯也在他的心理咨询实践中发现，仅仅是深度的倾听就可以给他的来访者带来变化。

《论人的成长》一书并不是艰涩难懂的学术论著，而是罗杰斯在用自己的人生经验教我们真诚地活出自己，真诚地对待他人，这就要求我们卸掉自己的防御，平等宽容地看待他人，倾听他人的心声而不妄下判断。只有活出自我，才是获得了完满的生命。

作为一个孤独到极致的人，齐心就是努力找回自我后做到了与孤独和解。

齐心是孤独感发展到极致的典型。齐心是一名高管，因为是高龄产妇，怀孕后，她便辞去工作专心在家待产。但是闲适的日子并没有让齐心感到安逸，反而让她变得焦虑起来。面临着社会角色的缺失，齐心的焦虑随着时间的推移越来越重。

生育之后，齐心不知何去何从，总是担心自己无法重新回归正常的工作角色。恰巧她原来所在的公司新换了老总，人事调整之后，公司里已没有了齐心的位置，原本打算重回公司的愿望落空后，齐心陷入了绝望。那段时间，精神焦虑让她连续好几个月都寝食难安。

当再次找到一份还算满意的工作后，齐心发现自己发生了很多变化，她开始恐惧与人交流，显得很不合群，虽然在很多场合她都尽量保持微笑，但心理上的变化让她每天都很痛苦。

齐心的丈夫是个沉默寡言的人，平时对她说的话都不会做出太多回应，但是发现齐心的异样后，丈夫开始试着慢慢了解她，并带她去看了心理医生。这对齐心来说是一种很大的安慰。

在恢复的过程中，齐心自己起了很大的作用。她重拾了自己的爱好——写作，用写作的方式与自己对话，平衡自己的内心焦虑。

在缓慢的恢复过程中，齐心通过写作感受到身体里另外一个自己，慢慢地拉着自己从泥潭中走了出来。写作在她自我疗愈的过程中起到了很大的作用，让她有了精神的陪伴，在认识自己的过程中慢慢好了起来。

齐心的经历验证了罗杰斯的治疗主张，那就是人具备自我调整以恢复健康的能力。

在罗杰斯心理治疗体系中，“自我”占据奠基性的地位，而“成为真实的自我”则是罗杰斯心理治疗理念的逻辑指向。

那么，怎么在孤独时找到“真实的自我”呢？

1. 逐渐发现自我

人们需要在良好的关系中，逐渐发现自我。在无条件的积极关注中，我们知道无论自己原本如何，都会被接受，都值得被爱，我们才能接受自己人格中的所有方面。所以要建立一段良性的关系，在这段关系中你可以一直感受到爱时，就可以自由地体验全部的自我，你才有勇气接纳自己的错误和弱点，而无须隐藏、排斥那部分可能会让爱撤回的自我。

生活中，许多人都感到自己离“真实的自我”越来越远，这时如果有一个人能听你诉说衷肠，能够准确地理解你，并且不试图对你分析、评判或者诊断，尊重你，哪怕再荒唐的想法也不打算改变你，那么，你会体验到一种自由、安全和尊重的氛围，找到真实的自我。

2. 成为真实的自我

在罗杰斯看来，心理健康的人是机能完善的人，可以抛弃一切防御性的掩饰，以本真模样面对外界，成为真实的自我。唯有如此，一个人才能充分发挥能力。罗杰斯认为让人以自觉而且开放的方式充分地体验其所能够拥有的任何一种情感时，他就会对自己产生一种正面的情感，一种对自己作为一个完整的、充分发挥能力的个人的由衷的欣赏。

小测试：本我—自我—超我性格测试

以下是本我、自我、超我的区别，我们可以据此判断自己处于人格结构的哪部分。

本我

“本我”与生俱来，处于人格结构的最底层，由人的本能、欲望及其能量系统构成，其中包含了人的各种生理需求。“本我”遵循快乐原则，具有很强的力量，是个体内驱力的能量来源，但它同时也是原始、冲动、非理性、非社会并且无序的。

自我

“自我”是个体最常意识到的部分，处于人格结构的中间，是个体人格的执行者。它从“本我”中分化出来，并遵循现实原则。其主要作用是调解“本我”与“超我”之间的矛盾，并以合理的方式满足“本我”的需求。

超我

“超我”是人格结构中的道德部分，处于人格结构的最高层，来自个体成长过程中的社会规范、伦理道德及价值观念，是个体社会化的结果。它遵循道德原则，并追求完美的境界。“超我”与“本我”相对立，并对“本我”产生抑制，同时也对“自我”发挥监控作用。

第五章

没必要从众，先找回内心的坦然淡定

摆脱“从众心理”：不要为了摆脱孤独而随大溜

在人际交往中，我们常常会被一种心理裹挟，那就是从众心理。比如，当身边大部分朋友都会选择参加某些聚会时，即使你没有兴趣，但为了显示合群，也会随大溜改变自己的想法。这就是心理学中所说的从众心理。

社会心理学已经证实，从众心理是个体普遍的心理现象。大部分决策者行动时，常常会考虑他人的判断和行为，即使某种行为只是从众行为，完全理性的人也会参与其中并采取类似的行为。因为，人是群居动物，如果脱离了大多数，会让人产生不安感，尤其是缺乏自信的时候，从众心理效应会更加显著。

从众是人类由于其社会性而存在的一个非常普遍的现象，作为生活在各种社会关系中的个体，不可能完全脱离周遭环境而独立存在，个体的观念模式和行为模式也不可避免地会受到外界综合环境的影响。所以在人类社会中从众行为几乎是不可避免的，我们需要的是不要盲目从众，保持自己的独立性和独创性。

徐妍是一家传媒公司的活动策划，她是从房地产文案转行到传媒业的。作为新员工，徐妍没什么工作经验，很多事都没有自己的想法，只能附和别人，因此经常被部门同事笑话是传声筒。

有一次部门开年度规划会，讨论新一年的业务规划，经理提了个意见后，徐妍立刻接了一句：“我觉得也是。”说完，徐妍就看到同事们意味深长的笑容，估计大家都暗暗觉得她确实是传声筒，没有什么主见。

徐妍在新公司工作一段时间后就有些迷茫，她不知道自己当初转行的决定是对还是错，自己在喜欢的行业里好像也没做出什么成绩。而且为了融入新公司，徐妍处处讨好别人，绝不在大庭广众之下表现出自己的与众不同，有的时候还要牺牲自己的利益。时间一长，徐妍就成了公司里有名的受气包，业务上也没什么长进。

徐妍知道自己陷入了从众的困境中，想要改变，必须靠自己努力。她知道自己是传媒行业的新人，平时就主动利用业余时间学习，还针对自己的盲区在网上报了一些课程。

徐妍没有像那些三天打鱼，两天晒网的年轻人一样，他们总觉得“种瓜得瓜，种豆得豆”，一旦自己的学习没有快速得到回报就自暴自弃，把考来的证书压箱底。她对职场充电这种事看得很明白，觉得总有回报的一天。

过了一段时间后，徐妍有了明显的进步，业务知识也越来越扎实，甚至可以根据公司的运营数据独立做方案。

入职一年后，公司给新人提供了一个担任项目组长的机会。因为公司里有很多传媒专业的高才生，徐妍觉得自己机会不大，也就没放在心上。没想到徐妍最终脱颖而出，成为项目组长。徐妍虽然有些意外，却非常庆幸自己没有一直盲目从众下去。

徐妍一开始的从众行为就是随大溜，丧失了自己的个性，于是变成了没有主见的“老好人”。这种从众行为无论是在人际交往中还是在职场上都是一种需要警惕的处事方式。从众心理会让人丧失自身的创造能力，是不值得提倡的。

那么，该如何让自己保持独立的思想，不至于泯然众人呢？

1. 见贤思齐

应跟随他人好的一面，多学习他人的长处和优势。在一个工作环境中肯定有值得自己学习的人，也肯定会有一些不良的习惯和氛围。这个时候只能依靠自觉和自律，在和大家搞好关系的基础上，学习他人的长处，摒弃职场中一些不良的习惯和作风。比如可以学习职场新知识、新技能，但是面对办公室得过且过的不正之风则要做到不跟随。

2. 独立思考

和他人的相处中，一些无关痛痒的事情可以不去计较，但是在思想上要保持独立。要有自己的想法，不能任何情况下都做墙头草，人云亦云。比如在沟通中，可以与他人找到共同话题，然后拉近关系，但是对待工作和问题则认真思考，回答负责，让人觉得非常有头脑并且有责任心，这样会让人觉得可以依靠，值得交往。

3.保持委婉

不同意别人的观点时，首先要肯定对方意见的价值，然后婉转地提出质疑和改进的意见，这样才不会把自己推到其对立面。采用委婉的说法既能让大家知道你的想法，也不会难以接受，反而觉得你是个有头脑、有思想的人，愿意和你合作，甚至委以重任。所谓委婉就是在语言、面部表情、行为上不是批评和拒绝的方式，而是商议和开放的方式，比如用微笑代替皱眉头，用手臂打开的方式代替手放在下巴上思考琢磨的方式。

调和“群居本能”：在集体生活中完成“心理断乳”

“心理断乳”的概念最早是由美国心理学家哈里·霍林沃思提出的，指的是子代摆脱父母监督，成为独立人的过程。相对于“生理断乳”，“心理断乳”常发生于青少年时期。

处于心理断乳期的青少年因为急于独立，开始撕裂与父母在心理上的联系，而这种急于独立的思想却常常使他们陷入矛盾的冲突之中。因为这一时期的青少年一方面急于自主、独立，想要摆脱父母的束缚，因此常有反抗行为；另一方面他们在经济上和精神上都不能摆脱对父母的依赖，遇到困难时还是本能地期待父母的帮助和安慰。这种矛盾心理给青少年带来的心理震撼是巨大的，尤其是在复杂的社会中，他们在面临诱惑和挫败时更是痛苦的，而人们想摆脱本能，在集体生活中完成“心理断乳”同样也很难。群居的本能是人类与生俱来的，因为当个人陷入孤独时，便会感到很不安全，所以人们需要集体生活。与人群对立也就等于与人群分离，因此人们竭力要避免这种现象发生。但是过分依赖集体生活也会带来问题，因为不能完成与集体生活的“心理断乳”，而无法做到适当的独处，会让个体更害怕孤独。

林悦就是没有很好地完成“心理断乳”的典型例子。

林悦是一个很有魅力的女孩，不仅人长得漂亮，而且毕业于名牌大学，她家庭条件不错，自己也有一份很好的工作，是一个很好的恋爱对象。但是林悦的几次恋爱都走不到谈婚论嫁的地步，一个重要的原因就是她虽然已经二十几岁了，但还是和父母住在一起。

林悦的父母非常宠爱她，所以林悦从小到大都没离开过家，甚至工作后还是和父母住在一起。所以，她一直都很依赖父母。她不像那些从外地到这座城市的年轻人，在恋爱出现矛盾时可以独立解决两个人之间的问题。相反，她和恋人吵架之后，第一时间想到的不是解决问题，而是选择回到父母的怀抱。从父母那里得到宠爱让林悦一直没学会妥协和退让。

见证了林悦几次失恋的朋友提议让林悦从父母那里搬出来，尝试一下独立生活，也许可以解决她的问题。林悦知道朋友的建议是对的，但是她做不到，因为她觉得父母离不开自己，如果她搬出去了，父母就太孤单了。虽然林悦自己也很想搬出去，但是她一直都下不了这个决心。

林悦就一直这样拖着，终于拖到父母也上了年纪，这时林悦更开不了口说要搬出去。于是，林悦彻底和父母绑在了一起，再也没有希望去过独立的生活。这样蹉跎了几年，林悦遇到了适合结婚的人，就是她现在的丈夫，一个从县城到本地打拼的男人。丈夫的家庭条件不好，买不起房子，婚后就和岳父岳母住在一起。找到了愿意和自己父母住在一起的丈夫，林悦终于完成了自己的终身大事。

可是林悦总是觉得很孤独，和父母在一起并不能化解她的这份孤独。因为父母并不能做到完全理解她。而她的丈夫在这个家庭里总觉得自己是一个外人，林悦的父母有时候会忘了这个女婿的存在，有什么事也只和林悦商量。在这样的家庭环境下，林悦的丈夫也变得越来越沉默寡言。夫妻两人虽然组建了家庭，却都感到无法排解的孤独，两人也越来越没有话说。

林悦开始反思自己，如果当初她有勇气与父母分离，完成"心理断乳"，自己会不会蜕变成另外一个人，一个成熟的、独立的、勇敢的自己。如今，这些都没有答案了。

没有很好地度过心理断乳期的人大多都会像林悦一样，无法独立生活，又因为得不到理解而感到孤独。只有在离开原有的生活环境、学习环境、人际关系环境后，才能够自己判断和解决所面临的一切问题，并从身心上感知自己是一个平等、独立的社会成员，完成自我心理世界的建构，才能真正地实现“心理断乳”。

那么，父母在孩子的心理断乳期该注意什么呢？

1.加强世界观、人生观和价值观教育

美国心理学家阿尔伯特·艾利斯的合理情绪疗法告诉我们“人不是被事情本身所困扰，而是被其对事情的看法所困扰”。人们对事物的想法、看法直接影响了自己的情绪和行为选择。合理的信念会引起青少年对事物适当的、适度的情绪反应；而不合理的信念则会让青少年在心理断乳期出现不适当的情绪和行为反应。

一个人的世界观、人生观和价值观是其心理的最高层次，在心理活动中占据核心地位。作为个人行为的最高调节者，世界观、人生观和价值观不仅决定人的思维方式、认知模式，还影响着一个人需要、动机、意志、信念等心理活动。心理断乳期的青少年只有树立了科学的世界观、人生观和价值观，才能破除不合理的信念，阻止情绪障碍的产生。

2. 心理预防训练

如果青少年在心理断乳期出现不良情绪，可以借助专业手段，如开展心理预防训练，来抵御不良情绪造成的危害。心理预防训练可以引导青少年在不同环境中调控自己的情绪，提高情绪控制能力，还可以使他们获得控制情境的能力，从而不断自我激励，培养和训练坚强意志。

远离“趋附效应”：你不需要活成大众喜欢的样子

在大众的认识里，一个30岁还不结婚的女性可能就已经被定义成“大龄剩女”，而一个男性不应该去做幼儿园老师或者保姆这样的职业。我们都倾向按照大众眼中的标准扮演好自己的社会角色，不能特立独行。虽然我们生活在社会的不同群体之中，但是无论哪一个群体，大都认为要符合标准地活着，要活成大众喜欢的样子。

社会心理学中有一个“社会角色理论”，该理论是目前颇受关注的社会心理学理论之一，在认识和解决一些社会问题上有一定现实意义。美国社会心理学家乔治·米德最早将“角色”一词应用到社会心理学中，是社会角色理论的创立者。社会角色理论是根据人们所处的社会角色去解释人的行为并揭示其中规律的一种学说。

在这里，角色的含义是个体在社会中由于占据一定的地位而显示的态度与行为模式的总和。

通常，个体在社会中都会有属于自己的地位，围绕这一地位，社会各方会对其存有各种期望，从而令个体在社会中形成一个角色。个体为了适应和满足群体期望而不断修正自己态度和改变自己行为模式的过程就是角色的扮演和实现过程。为了取得与群体良好的沟通和互动，无论个体认同与否都会表现出满足群体期待的行为。大多数只能扮演“追随者”或“服从者”角色的个体，在群体中就比较容易出现从众行为。

群体的规模越大，对某一观点或某一行动趋附的人就越多，个体在巨大的群体压力下就容易发生从众行为。同时，群体的规模越大，形成的舆论影响也就越大。而舆论是人们形成从众心理的重要因素之一。舆论一般带有浓厚的情绪色彩，加上能够形成规模的舆论本身就具有一定的合理因素，容易为大家所接受，从而容易引导群体成员形成从众心理。无论舆论是正确的还是错误的，个体在舆论的压力下都非常容易从众。

这就是为什么我们常说想要努力活成自己想要的样子，却不小心活成了大众喜欢的样子。因为人不能脱离社会和群体独立存在，我们身在群体之中，不可避免地会产生从众行为，来自各方的压力会迫使我们对群体意识屈从，过着违背自我的生活。

温婕是一个没什么主见的人，不知不觉就活成了大众眼中的样子。

温婕从小到大都是乖乖女，什么都听父母的，按部就班地遵照父母的意愿生活。中学时，温婕起早贪黑地努力学习，为的就是能考上父母期待的重点中学。最后，温婕以吊车尾的成绩进了一所重点中学，但是因为成绩跟不上，差点造成抑郁。

终于，温婕努力考上一所不好也不差的大学。读了大学后，父母不在身边，温婕还是没有主见。她看到同学在网上报班考证，自己也跟着报了一堆学习班。抱着“多张证书多条路”的心态，市面上流行什么证，温婕就跟着去考什么证，最后拿了一大堆证书都压箱底了。大学毕业后，温婕听从父母的安排回到家乡，在国企里做了一个普通的行政，那一堆证书也没派上用场。

在爱情上，温婕终于有了自己的想法，没有听从父母的意见去相亲，而是找了一个高大帅气的男朋友。但是温婕深受网上段子的影响，觉得自己是第一次谈恋爱，就会各种“作”。

比如她在网上看到一些恋爱鸡汤，就想要男友也那样做，她觉得只有那样才能证明男友对她是真爱。可是，男友工作很忙，同时又是个比较理性的人，感觉现实生活不是童话故事，就劝她实际一点。

但每次吵架，温婕都是一个人生闷气，也不与他好好沟通，她相信网上说的只要对方关心你，你不说他也会懂。两人在一起两个月，在此期间冷战了好几次，虽然每次都是男友主动道歉，但男友渐渐也感到了疲倦。

温婕虽然温柔知性，懂事体贴，但像所有的乖乖女一样，她只会读书，没有恋爱经验，不懂得与男生相处，所有的恋爱经验都是来源于影视剧和书中。所以温婕总希望自己的恋爱像偶像剧一样浪漫，但是男友却希望温婕能实际一点。两人渐渐就没有了共同语言，没多久就分手了。温婕觉得自己没做错什么，为什么最终会落到这样一个结局呢？

从众心理会约束一个人的言行，使其做到与他人的行为一致。比如遵守交通规则，懂得礼义廉耻，遵守社会规则和秩序等，以便于更好地适应社会。而消极的从众只会让人们在人群中失去自己的观点和立场，走向错误的方向，就像温婕一样。

不假思索地从众容易导致盲从，丧失自己的判断力，从而扼杀一个人的积极性和创造力，活成大众喜欢的样子。但是，为什么我们不能跳出从众的怪圈，活出自信、洒落，过上遵从本心的生活呢？

当我们警觉到自己正朝着大众眼中的自己大步迈进的时候，就要放慢自己的脚步了，去好好认识自己，以最小的代价去选择，找到专属于自己的路，找到让自己最舒服的方式，定义自己的人生。

虚妄的“安全感”：从众容易，却会让你更加迷惘

在网上曾看到过一个故事，一个人站在闹市街头，因为无聊就抬头盯着天空看，好像天上有什么奇怪的东西一样。旁边不明真相的路人觉得好奇也停下脚步，站在他旁边学他盯着天空。最后，这个人周围聚集的路人越来越多，大家都不知道自己在看什么，只是习惯性地停下来跟着别人一起抬着头看天空。终于有人问那个人在看什么，那人却说自己只是无聊而已。周围的人顿时一哄而散，都忘了自己一开始为什么要站在这里。

为什么人们会不由自主地跟着那个人一起盯着天空呢？很简单，因为当一个人看到一群人都在做一件事时，他就会不自觉地加入进来。这就是从众心理。

这种“别人是这么做的，我也这么做，就不会错”的潜意识，就是从众带给我们的一种安全感。

作为群居动物，我们祖先的生存环境十分恶劣，洪水、猛兽、饥饿、风暴都有可能让脆弱的人类随时覆灭，所以人类天生就缺乏安全感。只有安全的生活方式，才能让人类在恶劣的环境中生存下来，从众就是安全的生存方式之一。

从众能降低风险，会让我们感到自己处于安全的环境中。但是从众就要迎合他人的选择，这会让我们失去独立决策的能力，让

我们陷入另一种意义上的危险处境，比如丧失自我。

除了缺乏安全感，大部分人还不可避免带有惰性。在面对不确定性时，从众是最简单的选择，我们不需要探求事情的真相，也不需要探索合理的选择，只要抬起脚站在多数人那一边就可以让自己处于有利的状态。这就像我们到了一个陌生的地方旅游，往往会选择顾客最多的餐厅就餐一样，因为既然大家都来这家餐厅，那么这家餐厅的味道肯定不错。

从众在某种程度上也是一种高效率的选择，但是这种高效率选择并不是我们自己的选择，而是群体的选择。从众是一种群体行为，所以我们独处时，是不会从众的。人们只有处在一个有凝聚力的群体中，才会陷入群体思维。但是群体思维毕竟不是我们自己的思维，时刻都选择从众的话也会让我们陷入迷茫之中。

如何避免从众？下面的案例也许可以给我们一点启示。

何莉最近入职了一家公司，就职于质检部门。这家新公司是一家家族企业，非常讲究和气生财。何莉入职后发现在公司里就算是部门主管和经理，在处理问题上也不得不考虑别人的面子和利益。这样的环境下，作为初来乍到的新人，何莉也认为只有先融入圈子，才能伺机而动。但是何莉的想法有一点不同，她觉得要想在这样的公司脱颖而出，光靠好人缘是万万不够的，还必须有拿得出手的业务实力和专业技能，能够拿下别人啃不动的难题才行。

于是何莉平时也是一副和事佬的样子，对所有同事都和和气气的，有什么集体活动都积极参加。但是工作上，何莉从不马虎，为了做好质检工作，她还亲自了解每一道工序和每一个产品特性。很快，她就在改进管理方法、提高质量和产量上积累了自己的一些想法。

何莉还主动学习怎么看产品设计图，和她一起进公司的同事都不能理解，觉得她吃力不讨好。直到有一天，何莉提出的一系列革新的建议被公司领导看中，公司决定给何莉升职。在做员工情况调查时，部门所有的人都没有提出疑问。他们认为何莉本来就是一个非常有头脑的人，和同事相处得也融洽，让她升职天经地义。何莉就这样从从众做到了出众，而和她一起进公司的同事还是浑浑噩噩。

从众虽然会给我们带来消极影响，但是积极的从众却可以让我们拥有融洽的人际关系，在此基础上我们才能更顺利地提升自己。何莉就是一个很好的例子。

所以，我们讨论从众心理，并不是想追究我们究竟有多少屈于从众压力做的决定，而是要通过深刻的分析来改善从众的方式，改善我们的决策方式，减少我们在未来可能做出的不合理决定。

那么，我们该如何避免消极的从众呢？

1. 理性思考

理性思考，分清是非是我们避免消极从众的前提条件。在我们做出选择前，要稳定情绪，既不要头脑发热，冲动选择，也不要因为惰性，拒绝思考，随大溜。理性思考自己的选择会带来什么后果，是正确从众还是盲目从众，是因为群体行为正确选择的从众，还是因为懒于思考的从众。只有成为一个有主见的人，才能在从众面前坚持自己的意见，防止或减少盲目从众现象。

2. 积极交际

喜欢从众的人往往由于交际范围过窄，常年生活在一个小的交际圈中，不仅限制了自己的眼界，而且在群体中听到的不同意见较少，导致自己并不认为从众有什么问题。缺乏交际的人正因为缺乏正确的是非观所以很容易从众。如果能够扩大自己的活动范围，广泛与人交往，就可以看到即使是同一件事也有很多不同的观点，有利于冷静下来考虑自己真正认同的做法。

危险的“淹没感”：盲目从众会扼杀你的勇气和锐气

在正常的社会环境中，当一个人做了一个不切实际的决定，或者做决策时没有考虑现实条件，周围人肯定都会出来纠正他。但是当我们处在一个群体中时，我们想要做一个理性的决策压力是很大的。我们每一次决策都会带有群体意识的色彩，我们的群体意识也会因此不自觉地变强，而个体的自我意识则不断被削弱。此外，群体中持有不同意见的个体往往会被当成异端，被批判，被打击，被纠正，直到他们“回到正轨”，群体里的其他成员才会感到内心有所宽慰。就是在这种情况下，盲目从众现象才会变得越来越多。

大部分人选择从众是因为个体在人际关系中更喜欢符合逻辑、协调或一致的价值观。因此，个体在群体背景下会因为压力改变自己的态度和行为，甚至是信念，从而让自己与大多数人保持一致，来维护心理的协调感，缓和自己因与群体意识不趋同带来的不安和紧张感。比如，大部分人到了图书馆都会变得安静下来，即使是性格好动的学生也不好意思在图书馆大声喧哗，这就是典型的从众心理。

从众是人的一种社会心理，它让人类在长期的繁衍过程中，享受了许多好处。我们之所以能够从众多动物族类中存活下来，有一部分也是得益于从众行为带来的安全性。虽然从众是人类发展过程中孕育出的一种合理的选择，但我们总是会低估在群体诱导下的从众行为带来的负面影响。所以，我们要防止被从众行为“淹没”，警惕盲目从众。

许浩就在自己的生活中见到了许多盲目的从众行为。

许浩是一名大二学生，读的艺术专业。刚入学时，许浩的很多同学加入了各种各样的社团。和许浩同宿舍的同学也加入了一个音乐社团。听说许浩会拉小提琴，那个同学就想让许浩也加入自己的社团。但是许浩对社团没什么兴趣，闲暇时只想自己练练琴。那个同学就对许浩软磨硬泡，说了好多加入社团的好处，希望许浩能加入社团。后来许浩招架不住就问那个同学："你也是刚加入社团，你怎么知道加入社团就有那么多好处呢？"

同学不假思索地回答他："学长们都是那么说的。"

许浩笑了一下，说："适合学长的不一定适合你和我啊，我不想为了别人一句话就去做不喜欢的事。"

这个同学见许浩态度坚决就没再劝他，只是因为这件事好长时间没理许浩，还和别的同学说许浩是个性格古怪的人。

还有一次，许浩在学校的论坛里看到一个帖子，说他们专业的一个老师打学生的事，帖子说得绘声绘色，还配了张图。许浩打开一看，发现帖子里说的就是他们专业的一位老师。当时在上课，许浩也在，这位老师只是和大家开玩笑说，学音乐的同学打人都要谨慎，因为乐器太贵了。随即，老师拿起了自己的小提琴故意放在学生头上，给大家做了个示范。这本来是老师的一个玩笑而已，被班上的同学当作趣事传到微信群里，没想到以讹传讹，传出了老师打人的事。许浩的同学们一直在澄清这件事，可是大家的从众心理让这件事越描越黑，还是有很多不明真相的同学在网上谩骂这位老师。最后连这位老师开设的选修课，都因为选课的人太少而被取消了。

案例中被诬陷打人的老师就是从众心理的受害者，而许浩就是因为没有盲从才拒绝了同学让他加入社团的邀请。

我们作为一种社会性动物，每天都要面对来自各个渠道的庞杂信息，经常会处于个人价值与社会价值的冲突状态中。面对这些信息，只有不盲从才能做出客观判断，厘清哪些是事实，哪些是谣言。

那么，我们该怎么做才能理性做自己，不被盲从绑架呢？

1.提高知识水准

俗话说，无知出偏见，真知才能出灼见。无论哪种从众行为，都是因为主体的知识匮乏，对问题不了解造成的。因此，多掌握知识有助于克服消极从众。

我们在面对信息轰炸时，必须学会独立思考，提高自己的文化修养和知识水准，才能运用批判性思维去解析，理性辨别是非黑白，这样才能避免盲目从众，做一个有思想、有知识、有能力的人。

2.提高独立性

具有独立自主精神是避免盲从的前提。个体只有思想独立，善于控制自己才不会产生消极的从众行为。因为首先，具有独立思想的人，在面对问题时，会利用自己已有的知识去分析问题，并能战胜与自己理想判断相悖的一切因素；其次，独立的人还善于抑制消极情绪与冲动行为，并能适时地调控自己的行动，在遇到事情时有主见，不人云亦云，做事时则有自己的行动目标，不亦步亦趋。

理性判断“孤独”：特立独行并不是你的错

孤独带给我们的并非全是坏处，我们要客观判断孤独的作用。

我们普遍难以忍受孤独，因为本能地认为孤独是痛苦的。正因为对孤独的这种排斥，让我们本该在孤独中忠于自我时选择了随波逐流，试图通过建立无谓的社会联系来驱赶孤独，即使那些交际并不会让我们感到快乐，只是我们自欺欺人而已。我们许多人本能地选择了逃避孤独，而拒绝勇敢面对。

而那些独处时仍然能默默用功的人，除了少部分是出于强烈的兴趣，大部分人应该是出于勇敢，敢于面对孤独，通过不断增强自律，让自己远离随波逐流，朝着自己既定的方向和目标努力。而这些人的成就也是可以预见的。

事实上，孤独和自律本身就是相互成就的关系，只有自律才能让我们享受孤独，也只有在孤独中我们才能变得更加自律。也许孤独一开始会让我们感到寂寞和恐惧，但是当我们能够理性判断孤独时，我们会发现孤独带给我们的好处。比如，孤独可以增加我们与自己内心交流的时间，让我们更了解自己真实的想法，而不是为了排解孤独，浪费时间，盲目交际。孤独必然还会让我们将更多的注意力放在自己的兴趣上，促使我们获得一技之长。渐渐地，我们必将习惯甚至喜欢上孤独。

孤独对张悬来说曾经是一段惨痛的经历，但是后来孤独变成他所拥有的一笔宝贵财富。

张悬有过一段让他至今难以忘怀的孤独经历。那时，他刚大学毕业，每天都觉得自己无人理解，无比孤独。他想寻找生活的意义，而自己所在的小城市，只有庸庸碌碌生活的人群。他决定逃离，逃到一个全然陌生的世界里去重新开始。

张悬到了向往的大城市，应聘进了一个比较有知名度的杂志社做编辑。每天徜徉在文学的海洋里，他觉得终于找到了自己喜欢的工作。但是每当结束一天忙碌的工作，张悬就会感到无比孤独。

每当走在午夜空旷的马路上时，张悬就开始怀疑自己的选择，看着路灯下自己孤独的身影，他觉得自己除了忙碌的工作，一无所获！他并不比那些自己嘲笑过的庸碌人群高明多少。他也只是个忙忙碌碌的打工者，而他的家只是个租金不菲、豆腐块般大小的一方天地。在狭小的宿舍里独处时，张悬就会被孤独感包围。在这个城市里，他没有朋友，没有亲人，闲暇时甚至无处可去。他总是问自己，当初的选择是不是错了？这个问题没日没夜困扰着他，让他寝食难安。一个人长期在这种精神状态下，正常生活都难以安排，还谈什么享受工作带来的快乐呢？张悬渐渐变得身心俱疲、几近崩溃。

后来为了排解孤独，张悬选择了阅读。大城市的图书馆比张悬的单身宿舍舒服得多，整洁、安静，给了他很多思考的时间。张悬办了张阅读卡泡在图书馆里。渐渐地，张悬一颗狂躁的心变得安稳了。就是那段日子让张悬不断提升自己，他学会了如何与虚无感对抗，也慢慢明白了生命的意义只不过是好好生活而已。

阅读让张悬变得更加博学，工作也进步不少，得到了升职加薪的机会。张悬再回味那段日子，觉得自己有些可笑，孤独哪会那么痛苦呢？孤独不过是投掷到他头顶的一小颗命运之石而已，让他惊醒，让他进步，让他学会了与孤独相处。

要理性判断孤独就要像张悬一样，在孤独时能真正做到理解自己所需要的，完成自己想要完成的事情，不为外物动摇。

所以要学会独处，学会孤独，在孤独中思考出来的问题是最真实的，能承受住孤独的人才能经得起诱惑，对外界的一切都能冷静对待，妥当处理。

那么，孤独究竟有哪些好处呢？

1.独立思考

孤独可以帮我们独立思考，因为喜欢独处也是一种能力，可以忍受独处的人一般情况下自我意识更清晰，不会在群体意识中失去自我，丧失理性判断。

孤独可以带给我们一段安静的生活，我们可以在无人打扰的时间里进行学习、思考，提升自己，让自己变得更加独立，更加强悍。

2. 自我缓解

孤独可以让我们在独处的时间里沉静下来，遇到事时进行自我缓解，不因为冲动的情绪而做错误的决定。只有平静的心态才有利于解决问题，很多时候工作上的压力和不良情绪也将迎刃而解。

3. 勇敢面对

孤独可以锻炼我们，让我们变得更加坚强，在遇到困难的时候不会逃避，而是选择面对。在独处的时间反思自己，我们也会很快想到解决问题的对策和方法。

4. 改善交际

孤独可能会让我们的交际圈变窄，但并不代表我们的交际能力不行，我们在孤独中提升的思想反而可以让我们的思路更开阔，在交际中更受欢迎。

小测试：你的“从众性”有多强？

从众心理是个体普遍的心理现象，受以下几种因素的影响，我们可以以此判断自己的“从众性”有多强。

群体因素

群体一致性：个体在面对一致性的群体时所面临的从众压力是非常大的。当群体中意见并不完全一致时，从众者的数量会明显下降。

群体规模：在一定范围内，人们的从众性随着群体规模增大而增强。

群体凝聚力：群体凝聚力越高，个体对群体的依附心理越强烈，越容易对自己所属群体产生强烈的认同感。

个体在群体中的地位：个体在群体中的地位越高，越具有权威性，就越不容易屈服于群体压力。

情境因素

刺激性的物质：影响从众行为的情境因素之一，人们更容易对模棱两可的刺激物做出从众反应。

时间因素：交互作用的早期更容易发生从众行为。

个体因素

性别和年龄：人们通常认为男性比女性更不容易从众。从年龄上看，儿童和青少年比成人更容易从众。

个性特征：个人的能力、自信心、自尊心、社会赞许需要等都与从众行为密切相关。

知识经验：人们对刺激对象越了解，掌握的信息越多，就越不容易从众，反之则越容易从众。

个人的卷入水平：一旦一种意见被表达出来，人们就会更强烈地意识到自己已经选择了某种态度。

第六章

试试“选择性社交”，不必勉强维持亲密关系

“孤独无益”不过是思维定式

现在的生活节奏越来越快，许多都市上班族忙碌一天已经身心疲惫，下班后便只想一个人好好待着。久而久之，我们可能就会因此变得缺乏社交意识，变得孤僻，或者因懒得社交，而变得孤独。但孤独与孤僻是两码事。孤僻可能是因为性格而沟通不畅，而孤独可能是因为思想独立而找不到共鸣。我们也可以这样理解，孤僻是属于弱者的，而孤独属于强者。

孤独是一种状态，它可以让我们陷入迷茫，也可以让我们变得清醒。有思想的人可以享受孤独，而焦躁的人只会痛恨孤独。能够享受孤独的人往往比依赖性强的人更能处理自己身边的事情，尤其是对未来的规划。因为在孤独的状态下，意味着我们已经脱离了互帮互助的局面，只能依靠自己支撑所有的生活，除了自己独立，我们别无选择。这种生活状态，能够帮助我们把自己最薄弱的地方逐渐锻炼得强壮起来，获得生活和经济上的独立，甚至精神层面上的独立。

能够享受孤独的人会把更多时间花在自己的长远规划和人生目标上，因此他们也会变得越来越优秀，在事业上越来越成功，更容易步入良性循环。而那些逃避孤独的人，因无法直面孤独，只能陷入随波逐流中，长此以往他们将归于平庸。当逃避的念头根植于他们的头脑中后，他们便习惯了现状，放弃了改变自身状况的努力，最终将陷入恶性循环。

所以，只有学会孤独，学会与自己交谈，才能体会人生的意义。

下面的案例中，贺鸣就是一个懂得享受孤独的人。

贺鸣一直喜欢独来独往，他不喜欢和人成群结队地游玩，也不喜欢和朋友聚在一起聊八卦。在外人眼中，贺鸣是个高冷孤僻的人，但和他接触久了的朋友，了解他后，都知道他其实是个很热心且有爱心的人，很乐于帮助别人。对贺鸣来说，独处是他的一种能力，而不是别人以为的孤独。

两年前，贺鸣一个人来到这个城市，对城市里的一切都很陌生。他没有认识的人，没有熟悉的地方，周末不知去哪里消遣，甚至连工作也是从零开始。但是离开了以前所有熟悉的一切，他是自愿的。

贺鸣今年只有25岁，但是几乎已经快被家里的催婚逼疯了。他不是不愿意组建家庭，只是他还想再享受几年单身的生活，可以做自己喜欢的事，去自己喜欢的地方。他不在乎一个人的日子，一个人吃饭，一个人上班，一个人下班，一个人睡觉，一个人发呆，一个人计划着不远的将来……这些对贺鸣来说不是孤独，反而是一种享受。

到了这个新的城市，贺鸣终于过上了自己向往的生活。有自己独处的时间，寂寞时也有朋友陪伴。他的生活变得千篇一律，他变得不喜欢出门，除了上班吃饭，其余的时间都是一个人。周末的时候看见朋友圈里的人都在晒各种各样的美景美食，他也不觉得羡慕，只是看到自己喜欢的店会默默收藏起来，想着什么时候可以光顾一下。有的时候他觉得无聊的话就会一个人出去逛街逛公园，潜意识中只想与自己交流。但是贺鸣并没有因此变得自闭，遇到必要的应酬或者聚会，贺鸣也会积极参加。

贺鸣自己心里清楚，如果有一天他渴望回归群体的生活，他也会毫不费力地回到集体中，但是随着独处的时间越来越长，这种渴望便没有那么强烈了。除了必要的社交，贺鸣觉得再没有比一个人独处更自在的事情了。

贺鸣已经理解了孤独的真谛，孤独只是一种状态，既不代表孤僻，也不代表独处，更不是社交恐惧症的象征。有时候，孤独只是个人的一种选择而已。

面对日益激烈的竞争和生活中源源不绝的压力，我们要学会利用孤独这种状态，学会享受孤独，并利用独处的时间给自己补充能量。

那么，孤独可以给我们带来什么？

1.做好规划

对很多上班族来说，常常会身不由己地耗在繁忙的工作中，只有独处可以让自己在有限的时间内做无限的遐想。我们可以在孤独的时候专心提升自己，做自己喜欢的事情，不仅可以排解孤独，还可以提高身价，规划更好的未来。我们还可以通过独处的时间缓解疲劳，或者整理生活中的事物，让自己活得更有品质。

2.远离诱惑

都市生活总是存在各种各样的诱惑，一些感到孤独的人可能会为了抵抗孤独，陷入这些诱惑中，导致自己受到伤害。喜欢独处则可以让你远离这样的诱惑，用更安全的方式抵抗孤独。

3.学会自处

现代社会的快节奏容易让人浮躁，如果身边的朋友很容易冲动，你也会受到影响变得冲动，而孤独可以让你学会自处，让自己遇事从容不迫，有条有理地面对一切。你对外界的依赖越少，受到的伤害也会越少。

4.善于思考

相对而言，喜欢独处的人更容易自省，通常这种性格的人心理更强大，既能忍受孤独，也不会被外界影响，他们更善于思考，能在平凡中获得更多的乐趣。

拒绝“功利性交友”：“无友不欢”其实是假命题

生活中，我们常常会碰到这种事，一个人随时随地都在加好友，口头禅是“万一用得着呢”，通信录里躺着成百上千的好友，有联系的却没有几个；八百年不联系的同学忽然在微信上和你打招呼，可能不是借钱就是婚礼邀请，凡此种种，都是“功利性交友”。

我们没必要怀着功利的目的去交朋友，也没有必要抱着讨好的态度去结交别人。不功利、不攀附，才是正确的交友态度。不功利是为了尊重别人，不攀附是为了尊重自己。我们要相信，只要自己足够优秀，便会吸引同样优秀的人，否则，别人的圈子再繁华耀眼，也未必适合自己。

虽然我们常说天下熙熙皆为利来，天下攘攘皆为利往，但是朋友间看的是情义，而不是利益。非志同道合，不能懂其所求，非惺惺相惜，不能解其所忧。真正的志趣相投，会因为你的美好而接受你，而不是因为利益才结交你。

看清真实的自己，看清自己真实的能力。尊严来自自身实力，选择适合自己的，不要怀着功利的心去交往，也不要一厢情愿地去迎合别人。

方源曾经就是一个典型的为了功利去交友的人。

方源是一家大公司的销售总监，刚开始入行时，他对销售一窍不通，只从几本书里学习了几个销售技巧。他觉得想要做好销售就要多交朋友，因为方源的口才和形象都不错，所以通过各种方式确实交了不少朋友。刚入行半年，方源为了交友参加了不少沙龙，还有各种形式的培训班，为了扩大人脉，方源还特地花重金办了个高尔夫俱乐部会员。方源通过这些方式确实让自己的微信和手机通信录里增加了不少好友，但是他们很多并不愿意和他深入交流，在方源谈到产品销售时更是躲闪回避。有几次方源还因为在微信群里发广告而被踢出了群。方源非常苦恼，他觉得自己的方法并没有什么问题，为什么销售工作就是开展不顺呢？

最后，方源实在想不出什么办法了，就去请教公司里很有销售经验的一个同事。同事听了他的大概描述后问他："你交友的目的是什么？你和这些所谓的朋友在兴趣爱好上有什么相同的地方呢？"

方源只是想卖产品而已，根本没考虑过什么兴趣爱好的问题。方源就理所当然地回答："我花这么多时间和精力去结交人脉，就是为了销售。他们有什么兴趣爱好我也不知道。"

同事告诉方源，他带着这么强的目的去和别人交往，对方肯定是非常排斥的，只是碍于面子没有当面拒绝他，但绝对不会买他的产品。想要做一个成功的销售人员，只有深入渗透进别人的生活和交际圈子，才能最终实现产品的销售，但这都是有前提条件和需要付出同等价值的时间和耐心的，欲速则不达。

方源听后才想通了，他想有收获，但是又不想花时间去融入潜在客户的圈子，只想速战速决，肯定不会成功。方源明白了这个道理，便不再急于求成，而是踏踏实实地发展自己的客户，最终成为一名成功的销售。

方源最后学会了不去功利地交友才成为一名出色的销售。这就说明了一个道理，诚心待人，你的交友圈才会越来越大。

我们都知道“近朱者赤，近墨者黑”，我们和什么样的人在一起，就会有什么样的人生。

和勤奋的人在一起，你就不会懒惰；和积极的人在一起，你就不会消沉；与智者同行，你就会不同凡响。

决定一个人朋友圈质量的，不是财富和地位，而是思维模式。为人处世，一定要遵循下面交朋友的4个原则。

1.“三观”趋同

真朋友贵在三观趋同，如朋友之间价值观差别较大，世界观不一样，人生观也不在一个层次上，彼此就很难找到共同的话题，会沟通不畅，难以做到相互理解。所以交友的第一个原则就是“三观”要大致趋同。

2. 互相认可

互相认可是交友的一个重要原则，如果相互之间看不上，就很难相处得非常和谐，彼此之间可能还会发生很多不愉快的事情。交这样的朋友，你可能会觉得很委屈，对方也会觉得你们的友谊没有价值。所以，要交一些相互认可的人做朋友，才能够真正地交心交底。

3. 沟通顺畅

只有沟通顺畅才有高质量的友谊，如果双方沟通起来驴头不对马嘴，这样的沟通就没有任何的意义。所以和人交往的时候，不要浪费彼此的时间，沟通顺畅是一个基本原则。

4. 相互祝福

俗话说，天下没有不散的筵席，好朋友也有分道扬镳的时候。如果彼此之间缘分已尽，务必做到好聚好散，千万不要因为情绪让彼此心生芥蒂，遵循这样的原则就能够让自己坦然面对每一个人。

人以群分：不要勉强挤进不属于你的圈子

网上曾流行一句话，“圈子不同，不必强融”，意思是说，物以类聚，人以群分，如果一个圈子的兴趣爱好或者三观和自己不同，就没有必要勉强融入。现代社会，很多年轻人的交友观已经有了很大的改变，从“不想错过每个圈子”的泛泛之交，转变为“远离无效圈子”的精准社交。我们注重的不再是认识多少人，而是有多少真正的朋友。

我们在不合适的交际圈子里时往往会充满焦虑与烦恼，觉得无所适从，因为自己无法从交际圈的互动中得到满足与安全感。因为理念不同，身边那些朋友不会疏解你的孤独反而会带给你压力，你会因为无法融入这个圈子而产生自我怀疑的消极想法。所以不合适的交际圈也不能帮到你什么，反而会将一些负面影响释放到你身上。

俗话说，物以类聚，人以群分，所以没有不合群的人，只有不合适的群，只有找到属于自己的群，才不会存在所谓的交往恐惧症。适宜的交际，是获得快乐和安全感的最好方式。在舒适的交际圈中，即使大家在距离上相隔万里，心灵也会彼此相通，那些和你志趣相投的人会让你告别寂寞，得到心灵的慰藉。

下面的案例中，陶然经过努力也融不进身边的朋友群时，终于醒悟，找到了适合自己的圈子。

陶然是独生女，很受父母宠爱。父母觉得陶然是女孩子，本着女孩要富养的原则，一直积极安排陶然的各种事情。大学毕业时，陶然原本打算和几个志同道合的朋友一起创业，结果父母怕她吃苦怎么都不同意，不经陶然同意就给她安排好了工作。陶然没有办法，只好和朋友告别回到家乡上班。

陶然的工作是在父母一个朋友的公司里做文员，行政的工作虽然烦琐但是要求不高，和她一个部门的同事都没什么斗志，每天做完自己的工作就混混日子。陶然觉得这份工作空闲时间挺多，就打算学学英语。同事见她休息的时间背英语单词，就打击她说文员的工作没什么技术含量也没有前途，学再多也没用。陶然不知道怎么反驳她，就只能对同事笑笑。

陶然上班后认识的只有自己部门的几个同事，有时候周末就和几个同事去逛街，打发时间。但是陶然的几个同事只喜欢逛化妆品专柜，研究哪个口红色号适合自己。要不就是一群人去逛奢侈品店，围着名牌包包小声议论。陶然对奢侈品没有兴趣，自己也不喜欢化妆，和同事出去了几次就觉得没意思，同事再约时陶然便婉拒了。但是同事们都觉得她是公司的关系户，家里肯定条件不错，不愿意和她们出去，是因为看不起她们。陶然百口莫辩，在公司交不到朋友，她只好独来独往。

就这样过了半年，有一天陶然在健身房遇到一个50多岁的阿姨，她每天都坚持去练瑜伽，两人很聊得来，自然而然也就成了朋友。有一次陶然觉得好奇就问阿姨，为什么这个年纪了还能每天坚持到健身房锻炼。阿姨说，她是老年艺术团的，团里的朋友身材都保持得很好，她也不能落后。陶然恍然大悟，原来阿姨身边的人那么努力，所以她才丝毫不敢松懈。

陶然受到启发后，毅然决然地辞去了现在的工作，背上行囊找朋友创业去了。父母见她心意已决，只好遵从她的意愿。

陶然到了朋友所在的城市，发现朋友虽然创业艰难，但是居然还给她留了一间房，像是随时等她过来一样。陶然心中无比感激，既感激朋友的信任，也感激自己终于有了改变的决心。

陶然一开始的交友失败就是因为她和同事之间存在非常大的差距，对世界与人生的看法都不一样，兴趣爱好、生活圈子也完全不同，却硬要凑到一起当朋友，才让双方都不舒服。所以，如果发现所处的圈子不适合自己，不要强迫自己融入，不如调整方向，融入能让你感到开心的群体当中，让自己自在一些。

下面两条交友建议，希望能给大家带来一些启发。

1. 拒绝“无效社交”

大多数人都认为社交是一种能力，越是有本事的人认识的人越多，所谓的“人脉”就是自己能力的证明。但是，把时间花在无效的社交上并没有多大的意义。努力去结交那些在资源、实力都和自己不匹配的人，有时候只是出于一种虚荣心而已，如果你的能力不被认可，对方就算知道你这个人的存在，也不会重视你。

这些不具备共同认知的社交圈并不属于你，就算强挤进去，也于事无补，不如集中精神，做好自己的事业，维护好与所有关心和重视自己的人之间的关系。

2. 真正的友谊是相互吸引

真正的友谊不是相互利用、各取所需，而是相互吸引。用功利的眼光看，大部分普通人的友谊可能派不上什么真正的用场，但是可以带给我们快乐，让我们在孤独时能找到慰藉。

真正的友谊，不是曲意逢迎，而是因为对方的人格魅力恰好与你产生了强烈的精神共鸣，让你觉得在茫茫人海当中遇到了同类，这种天然的吸引，才是友谊产生的条件。

与这样的知己型朋友待在一起，可以做到久处不厌，也不必刻意找话题，双方就可以相处得很融洽。如果对方一直让你感到相当疲惫，只能说明，这段友谊根本不是真正的友谊。

同伴效应：多接触你的“同道中人”

生活中，大家可能都有这样一个体验，如果身边都是努力上进的朋友，自己也会情不自禁地发愤图强，希望可以和他们共同进步，一起成长，而如果遇到了比较懈怠的朋友，自己就会不知不觉地也变得懒惰，根本就没有努力的心思。这就是同伴效应对人的影响。

同伴效应简单来讲就是在周围人的影响下，我们极有可能效仿其他人的表现。同伴效应受到好奇心以及一定的从众心理的影响，并且会受到意志力的传染，让人选择与身边其他人共同进步，或者相反。

意志力也是会传染的。当你看见别人接受诱惑，你的大脑更可能屈服于诱惑；当你看见别人意志坚定，你可能也会和他一样。同时，目标也会传染，其他人不断努力的目标也有可能成为你选择的目标。

所以，想要提升自己，就要巧妙地运用同伴效应，选择积极向上的朋友，和他们共同进步，变成更好的自己。这是最简单的一种方法，甚至不需要刻意付出什么努力。

陈诚就是同伴效应的受益者。

陈诚因为高考不利，只读了一个大专。相对于本科生而言，大专生的课程要求要简单一些，英语不用过四、六级，专业课要求也不严格。陈诚知道只考上大专的自己起点不高，但是他有自己的计划，打算专升本后再考研。但是进了学校后，他发现周围的同学都觉得课程简单，平时就不怎么努力，渐渐地，连陈诚都受到影响失去了原有的斗志。大家都这样，陈诚的懒散也有了借口。

直到有一天，陈诚看到宿舍里一个同学王野为了能通过英语四级考试，早早就起床背单词。陈诚被他的努力感染到，这才想起自己曾经的抱负，不敢再继续浑浑噩噩混日子，重新开始努力起来。

之后，陈诚和王野约好，一起背单词，一起阅读，没多久两人的英语成绩就提高了不少。可是周围的同学都觉得陈诚他们在做无用功，学校都不要求过四级，还花那个时间做什么。但是陈诚和王野的想法很简单，进步是自己的，多学点东西总是有用的。最后两人都通过了四级考试。自此，陈诚和王野成了最好的朋友，后面两人一起通过了英语六级考试，还都通过专升本考上了自己理想的学校。

工作后，陈诚还是喜欢交有上进心的朋友，大家可以一起进步，分享成功的喜悦。陈诚还是保持学习英语的习惯，每天下班之后都会抽一个小时自学英语。后来陈诚通过了商务英语的考试，换到了更大的公司，前景也越来越好。

如果陈诚一开始因为周围人的影响放弃了自己的理想，可能就没有现在的成就。所以如果你是个有上进心的人，就该多接触“同道中人”，和同样努力的朋友共同进步。如果放任自己和懒散的人混在一起，那么原本可以成就一番事业的你，可能就会因为交错了朋友，从此变得碌碌无为。

那么，生活中什么样的朋友是值得交的呢？

1.彼此成就的朋友

能够彼此成就的朋友会不断相互鼓励，他可以让你看到自己的优点，你也可以肯定他的优点。这种朋友可以在事业、家庭、人际交往等各方面提供许多建议。人生中拥有这种朋友会成为你最大的心理支柱，也常常会成为你的后盾。

2. 支持自己的朋友

支持你的朋友会一直维护你，并在别人面前称赞你。和这类朋友可以相互打气，使得彼此成为对方成长的助力。在一个人的成长过程中，朋友的支持与鼓励是最珍贵的。当你遇到挫折时，朋友的支持往往可以帮你分担一部分的心理压力，他们的信任也恰恰是你的“强心剂”。

3. 志同道合的朋友

志同道合的朋友和你兴趣相近，也是你最有可能与之相处的人。与志同道合的人在一起，会帮助你不断地进行自我认同，你的兴趣、人生目标或是喜好，都可以与他们分享。这种稳固的感受“共享”会让你获得心理上的安全感，因为有他们，你更容易实现理想。

4. 相互帮助的朋友

朋友的真谛就是要互相帮助，在你失意的时候，他们会及时地出现在你面前，始终愿意给予你最现实的支持，让你看到希望和机会，帮助你不断地得到积极的心理暗示。

5. 相互鼓励的朋友

我们既需要好玩、有趣的朋友，也需要相互鼓励的朋友。当你有了心事，有了苦恼时，只有朋友的鼓励才能让你发泄出自己的郁闷，让你重获平衡的心态。

这类朋友也善于帮你厘清思路，在你遇到问题时给你必要的指导建议。每个人都会碰到困难，一旦靠自己的力量难以化解时，这类朋友总能最及时、最认真地考虑你的问题，帮你更好地理顺情绪，了解自己的问题，明确解决问题的方向。

被接纳感：让你的内心更加强大

“接纳”与“接受”是近义词，但接纳不代表接受，接受是因为认同和支持一个人的思想和做法，而接纳是包容，即使对方的真实样子是“不够好的”，甚至是“很糟糕的”，你也会包容对方。所以，被接纳的感觉会提高一个人的自尊感，从而促进他心理健康水平的提高。

接纳一个人意味着接受对方真实的一切，包括好和不好的部分。能够接受对方不够好的现实，然后一起努力去面对它才是真正接纳的态度。这样，被接纳的人才可以获得极大的安慰和安全感，可以放开真实的自己，拥有完整的自我。

那么如何才能被他人接纳呢？我们首先要做到自我接纳。自我接纳是能欣然接受现实自我的一种态度。自我接纳就是要做到既能肯定自身的优点、长处，又能正视和接受自己的短处，不因自己的某种缺点、失误而自卑。自我接纳表现在以下两个方面。

1.接纳自己的一切

接纳自己的一切就是不会因自己的缺点感到内疚与不安，能坦然地接受自己的现状，包括自己的需要、水平、愿望，从容地生活，很少使用防御机制。

2.真实地对待自己

以自发、坦率、真实的态度面对自己，能够坦诚地说出自己的感受，不掩饰自己，自然而单纯地表现自己。

下面的案例中，夏琳就是接纳了自我才从自卑中走了出来。

夏琳从小就是一个自卑的人，因为她有一个很严苛的母亲，而且由于父母的感情不好，母亲因此经常把对父亲的不满发泄到夏琳身上。母亲会不停地否定她，说她像父亲，说自己的痛苦都是来自他们父女。小时候，夏琳经常会因为母亲心情不好而惨遭谩骂。

童年的经历导致了夏琳的自卑，因为母亲时刻用自己的言行在向她传递一个信息：你太糟糕了，所以才不配我对你好。

这让夏琳变得胆小怯懦，从来不敢表达自己的需求，总怕自己表现得不够好，被人拒绝。因为唯唯诺诺的性格，夏琳也不招长辈们喜欢，在她的记忆里好像没有谁对自己特别好过，就连同学也不怎么喜欢和她交往。

周围人的态度让夏琳一直缺乏自信，但由于希望被认同，夏琳没有自暴自弃，反而变得特别努力。18岁那年，夏琳终于凭借自己的努力考上了名牌大学，她到了一个新的城市，远离了母亲和让自己产生自卑的一切。在新的环境里，夏琳学着改变自己，她努力学习，积极参加各种社团活动，同学们对她的评价越来越高，她终于变成了别人口中的学霸。夏琳慢慢找到了自信，这时候她发现，不是她自己不够好，只是她没有得到公平的爱而已。

母亲的愤怒、亲戚的忽视，对小小的夏琳来说，都代表着不可反抗的权威，那时候的她无可奈何，只能挑剔自己，希望得到别人的认同。当夏琳重拾自信开始接纳自己时，她懂得了接纳自己的全部，一个是优秀自信的自己，另一个是弱小自卑的自己。

在接纳自己的那一刻，夏琳赶走了心中的魔鬼，她不再时时刻刻给自己找碴儿、挑剔自己，而是欣然接受自己的全部，这种感觉就像获得重生一样。

接纳本身就是珍贵的，尤其是对那些像夏琳一样本身也没怎么被接纳的人来说。所以如果一个人小时候不被接纳，他当然也学不会接纳不够好的自我，长大后也不会拥有接纳他人的能力。就好像是自己没有被无条件包容过，又怎么能学会无条件包容他人呢？

所以接纳本来就是困难的，非黑即白走极端的人也许会想，接纳别人太难了，所以我做不到。那么我们就先学着接纳自己吧。

1.自我治愈

我们在遇到创伤时，会不自觉地启动自我防御机制，也许是假装看不到那些伤害，也许是假装那些伤口已经痊愈。无论哪一种方法都不过是自欺欺人而已。每当我们想起那些让我们承受伤痛的人和事，那些压抑的、痛苦的创伤就会重现，扰乱我们的内心，将我们打回原形。只有学会自我疗愈，把自己当成一个受害者去爱自己，直面自己心里的阴影，才能做到接纳自己。

2.感受自我

感受自我就是要接纳自己的全部，因为自己的一切，无论好坏都很难改变。我们唯一能真正改变的，就是自己的心态。让自己处于一种积极的状态中，勇敢地去接受自己的不完美，从而消除自己的悲观心态，不再抗拒和逃避自己的感受，才能真正地接纳自己。

3.接纳现实

我们要懂得接纳现实，接纳发生在自己身上的一切，即使是不好的事情。我们在面对一些不幸时，第一反应往往是怨天尤人，抱怨这件事为什么会发生在自己身上，而不敢去承认这件事的发生。

其实，人正是因为无法接受痛苦和不幸，所以才会产生痛苦。如果认识到那些不幸和痛苦并不是自己的错，我们就会从痛苦中解脱，改变自己的现状，努力生活下去。

平等交往：不要失去自己在关系中的主导性

人际关系中最重要的一个原则就是平等性原则。平等意味着既不自卑也不自大，以平等的姿态对待每一个人，尊重他人也尊重自己。

但是生活中，很多人都意识不到原则的重要性。一种是盲目自大，因为有了一点成就和人相处时就充满了优越感，喜欢颐指气使，看不起别人。这样的人通常交不到真心朋友，一旦遇到事情，就会墙倒众人推，落个凄惨的下场。

而另一种就是自卑的人。没有自信的人和别人交往时，总是会小心翼翼揣测他人心思，生怕得罪别人。久而久之，他们就会觉得自己低人一等，带着怨气离开这个交际圈。这一类人即使已经获得别人的友谊，也会因为自卑和猜疑，亲手破坏掉自己的友谊。

自大与自卑，是人际关系中两种典型的不平等模式。自大让他人不舒服，自卑让自己不舒服，都是不可取的。

我们在人际交往中要遵守平等原则，认识到交往的双方在人格上是平等的，既要尊重他人，也要保持自我尊严。彼此尊重是友谊的基础，只有平等相待才能深交，这是人际交往成功的前提。

人人皆是平等的，人们之间只有社会分工和职责范围的差别，而没有高低贵贱之分。现实生活中的每个人都有自己的长处和短处，与人交往时不要自傲自负，总是拿自己的长处与别人的短处相比；交往中也不要自卑，每个人都有自己的不足之处，正视自己的短处，勇于把自己的短处转化为长处，克服自卑，才能成功地与他人交往。

如果你渴望与他人和谐相处，就必须遵循平等原则，切莫因为自身的身份地位与别人不同，而盲目地自信或自卑。只有做到平等地与他人相处，才能成为一个广受欢迎的人。

下面的案例中，杜衡在人际交往中就犯了盲目自大的大忌。

杜衡原本是一家小型互联网公司的部门主管，因为能力出众，被猎头挖到了一家知名的互联网公司。成功跳槽让杜衡变得有点得意扬扬，尤其是和以前的老同事聚会时总以为自己了不起，觉得自己是那批人里能力最优秀的，而别人都是能力不足，要不就是目光短浅。他经常和人高谈阔论，讲自己的高待遇，要不就讲一些互联网大佬真真假假的八卦，好像天下什么事情都知道，什么问题都摆得平一样。时间长了，以前的老同事便不再和杜衡小聚了，大家都觉得他这个人变得浮夸了，整天只知道漫无边际地吹嘘，跳槽到了一个新公司就好像自己是公司老总一样。

杜衡一直是有点自大的人，他是名牌大学毕业，业务能力也强，在原公司的时候也总觉得怀才不遇，但是那时候杜衡只是自信过头而已，不像现在这么盲目自大，不把其他人放在眼里。

杜衡进了新公司做主管后，变得刚愎自用，听不进不同意见，许多时候独断专行，有时候甚至专横跋扈，大搞一言堂。他对部门员工的评价也不高，总觉得别人能力不行，写的程序都是bug，经常要他这个主管来擦屁股。部门员工对杜衡这个新主管一直敢怒不敢言，他们都觉得杜衡带着莫名其妙的优越感，其实是为了掩饰内心的自卑，怕别人说他是小公司出来的，能力有问题。

有时候自大确实是心理自卑的一种反应。杜衡在管理上之所以那么强硬，也是因为害怕自己作为新主管被拒绝、被欺负，所以无时无刻不表现得自大无比，天下第一。可就因为这样，年终评优的时候，杜衡在匿名评价的环节得分很低，可见公司其他同事对他的印象也不好。杜衡的年终奖比同级别的主管少了很多，而且被直属上司警告，如果继续评价不高，可能会被降级。杜衡这才开始反思自己的人际交往是不是真的出了什么问题。

杜衡的自大不仅让他在生活中的人际关系出了问题，也导致他的工作出现了危机，这就是在人际交往中没有遵循平等原则的后果。

在人际交往中，自大和自卑都是不可取的，那么要做到平等交往，我们该遵循什么原则呢？

1.真诚原则

无论何时，真诚都是人际交往中的第一原则。真诚就是要把自己的真实想法与人交流，真诚相待能让对方产生安全感，减少自我防卫，给你们的交往一个好的开始。越是好的人际关系越需要双方暴露一部分自我，当然这样做也许会冒一定的风险，但只有这样才能取得别人的信任，而封闭自我是无法让你开启一段友谊的。

2.主动原则

主动本身就是一个示好的姿态，往往会令对方产生好感。主动表达善意能够使人产生被尊重、被重视的感觉。主动的人往往具有良好的交际能力。

3.交互原则

人们之间的善意和恶意都是相互的，一般情况下，只有真诚才能换来真诚，而敌意只能招致敌意。因此，与人交往应从良好的动机出发，这样才能保证双方是抱有善意的交往。

4.平等原则

如果人际交往中双方地位不平等，一方受到另一方的限制，或者一方需要看另一方的脸色行事，就无法建立起高质量的心理关系。只有基于平等原则的交往才是理想的人际关系。

摆脱“情感依赖症”：心的独立才是真的独立

依赖一个人是什么感觉呢？

你会事事都离不开他，工作上的问题，会咨询他；生活不顺心，会告诉他；难过时要找他安慰，开心时要找他分享……这个人也许已经成为你生命的一部分，你会对他特别信任和崇拜，什么事都愿意按照他说的去做，生活中再也离不开他。

如果你像上文描述的那么依赖一个人，也许就是患上了情感依赖症。情感依赖症，是指过于喜欢或者寄托过多个人感情于某个人，一旦失去就难以适应，可能会引发焦虑和抑郁。

情感依赖症可发生于爱人之间、朋友之间，甚至亲子关系中。有情感依赖问题的人大部分是因为缺乏安全感，也许是在幼时得不到家庭的温暖和关怀，让他们极度缺爱，所以才会产生依赖感。

陷入情感依赖的人，往往表现为不懂得划清界限，他们认为依赖的那个人就能满足自己的一切需要，不需要再建立其他社会关系。但是，这对于被依赖的人来说，可能会因此变得完全没有自己的空间，陷入无尽的烦恼中。而且，世上并不存在某一个人能满足别人一切需要的可能，即使是最亲密的伴侣之间也应该有彼此的空间。除了亲密的爱人，我们还需要别的朋友。只有不同的人才能满足我们不同的情感需要。我们不能因为依赖一个人就放弃其他友情，这不仅是不健康的，也是愚蠢而危险的。

穆婷就是因为情感依赖症而没有维持好自己的恋爱关系。

穆婷最喜欢的一句话就是：“我一生渴望被藏好，妥善安放，细心保存。免我苦，免我惊，免我四下流离，免我无枝可依。”

穆婷是个比较感性的女孩，看个有关宠物的电影都能哭得稀里哗啦。她从小父母离异，跟着母亲东奔西走，过着颠沛流离的生活，最大的心愿就是能找到一个疼她、爱她，可以保护她的恋人。

穆婷是在一个朋友的聚会上认识了现在的男友的。虽然她不喜欢人多的地方，但是她也不喜欢单独做任何事，于是就和朋友去参加一个熟人的生日聚会。穆婷不喜欢引起别人的注意，别人嬉笑打闹的时候，她就坐在角落里听歌。当时，一个男孩正好也坐在那边听歌，那个男孩给她搬凳子的时候耳机掉下来，穆婷发现两人听的居然是同一首歌。穆婷觉得这就是天降的缘分，没多久两人就建立了恋爱关系。

恋爱后，穆婷变得非常依赖男友，连三餐吃什么都要征求男友的意见。生活上有任何一点难题，穆婷就会很自然地想到他，所有的心事都会毫无保留地对他倾诉。

男友忙的时候，没有及时回复信息，穆婷就会时不时地下意识盯着手机，生怕错过了他的信息。她习惯了男友早上道早安，睡前道晚安，就像是一种固定的模式，一旦消失，心里就会特别失落，空荡荡的。

穆婷觉得依赖一个人是件浪漫的事，可是男友并不这么想。他们的恋情只持续了半年，男友就提出了分手。穆婷问为什么，男友说她的依赖让他喘不过气来，他已经没有了自己的空间，他不能接受这样的生活。穆婷纠缠了好长时间，也没有挽回，她不知道究竟是哪里出了问题。

穆婷就是因为缺乏安全感才会对男友产生那么强的依赖感。依赖其实就是一种习惯，一旦习惯一个人你就会以为他永远不会离开，把自己的依赖当作理所当然；因为习惯，你忍受不了失去对方，当分别来临时，你会觉得失去的不只是某个人，还有你的精神支柱。

但是，不论是爱人还是朋友，互相尊重才是爱对方的一种表现，而不是把对方当成生命的唯一。一个人只有学会独处才能让自己变得更优秀，依赖只会让自己丧失独立生活的能力和精神，白白浪费本该让自己成长的时光。

有情感依赖症的人该如何改善自己的心态呢？

1.不要苛责自己

习惯依赖别人的人有时会苛责自己，总是觉得自己不够好。这种过度的自我苛责只会让依赖心理变得更加严重。所以，想要摆脱依赖心理，首先要学会自我表扬，自我肯定。

2.扩大交际圈

要摆脱依赖最有效的办法就是扩大自己的社交圈子，认识一些新朋友，学习一些新的技能，培养一些新的爱好，都可以分散自己的注意力，帮助自己建立更多排解烦恼、获得安全感的方法。

3.学会成长

感情中，最忌讳的就是一直学不会成长，无论对方有多么爱你，多么希望你依赖他，总有一天也会产生厌倦心理。只有思想独立，能自我承担的人才是具有魅力的人。有依赖心理的人应该做的就是让自己成长，让自己变得成熟，而不是把自己的所有精力都放在一个人身上。

4.做好自己

我们不能左右事情的发展，但可以努力做好自己应该做的，让自己不留遗憾。一段感情无论结局如何，能让你成长才说明这段感情没有白费，不要回头看时，只有不断堕落的自己，这样只会让自己后悔莫及。

5. 寻求专业帮助

如果经过自己的努力始终无法自我调节，那么就要寻求专业的帮助，因为个人的过度努力可能会产生新的压力。向咨询师寻求专业帮助，可以得到一些有针对性的指引。

减少“虚拟社交”：温暖的怀抱是网络不能提供的

著名刑事科学法医心理学家玛丽·艾肯在其所著的《网络心理学》中写道：“网络自我是个理想自我，是你想成为的那个人。如今越来越多的人都在忙着组装、创造和体验这样的虚拟自我，忙着用技术来绘制自己的自画像。”

在虚拟社交的世界里，我们完美无缺，无所不能，所以越来越多的年轻人习惯了在虚拟社交里进行交流，虚拟社交已成常态。虚拟社交的匿名性，很大程度上满足了年轻人对于自由度、安全感和成就感的需求。

虚拟社交盛行的情况下，我们的日常社交生活也被网络主宰，我们习惯性地饭前先拍照，在朋友圈晒自己加了滤镜的日常，去看一场演唱会，也要先录几个小视频，才能安心地听歌。我们执着于网上的点赞和评论，忘记了面对面的交往才是社交的意义。

虚拟社交，让我们在离开手机、电脑后，忘记了如何寻找快乐，只会感到无比的孤独。在社交网络前所未有发达的今天，我们花越多的时间在虚拟社交上，反而越感到孤独。虽然我们一天可以发无数条状态，不停地有人给我们评论、点赞，但现实中掏心掏肺的朋友却没有几个。

虚拟社交让人和人之间的距离变得越来越远，到了最后，我们反而更像是网络的产物，聚会时只会抱着手机而忘了在现实中怎么交流。过分依赖虚拟社交甚至会让我们患上虚拟社交依赖症，因为沉迷于网络社交和网络游戏导致出现焦虑、抑郁、恐惧、强迫、疑病、躯体化或神经衰弱等症状。

虚拟的社交终究是虚幻的，并不会带来真正意义上牢不可破的关系，所以我们还是要回到现实中，看看这个真实的世界。

下面的案例中，罗静就是在不再沉迷于虚拟社交后才懂得了真正的生活。

罗静是一个特别喜欢发朋友圈的人。她在朋友圈里什么都晒，在喜欢的餐厅吃了一顿饭，在星巴克喝了一杯咖啡，甚至在路上碰到一棵歪脖子树也要发朋友圈感慨一番生命力的顽强。朋友圈里的罗静完全过着小资的生活，每天都云淡风轻，岁月静好。但是朋友圈的背后，罗静却过着笨拙的生活：发一张练瑜伽的照片，修图的时间比练瑜伽的时间还要长；发一张插花的图片，看着花团锦簇，实际上她笨手笨脚，一窍不通；周末发一张自己做饭的照片，其实食物一般，只是滤镜好看，之后还要收拾好久厨房。虽然罗静在朋友圈里晒的都是滤镜下的不真实的生活，但是她觉得这就是自己理想的生活。

有句话说，你越晒什么，就越缺什么。罗静那么喜欢发朋友圈，是因为那些加了滤镜的照片让她觉得自己完美无缺。她从小就是一个有点自卑的女孩，颜值也不高，一直没有男生追求，大学四年都没谈一场恋爱。但是罗静又特别渴望韩剧里那种浪漫的爱情，现实中得不到只能寄希望于网络。她对喜欢的男生不敢表白，只能发朋友圈表达自己的心意，自己发的每一条动态，都藏着想对他说，又不敢说的话。对方的每一个点赞，偶尔的评论，都是她发朋友圈的全部意义。可是到头来，他们也不过是点赞之交罢了。后来男生因为她太爱发朋友圈也把她屏蔽了。罗静越想越心酸，每当看到那些朋友圈里生活一片热闹的人，她都在想，他们真的过得好吗？是不是也像自己一样过着虚假的生活呢？

后来罗静把心思放在了工作上，很快换了份薪水更高的工作。她租了个条件更好的房子，养猫、健身、下厨……她真正过上了理想的生活后，朋友圈里再也没有晒过自己的生活。她终于明白过来，生活是过给自己的，不是演给别人看的。

别人能看到的只是朋友圈热不热闹，而过得好不好，只有自己知道。罗静后来明白了这个道理，便不再那么沉迷于虚拟网络了。不理会无关紧要的人，不依赖虚拟的世界，只有自己的生活真的过得精彩，才会觉得朋友圈如此苍白。只有现实中的社交才能给我们温暖的感觉，让我们变得不孤独。

我们怎么做才能避免过分依赖虚拟社交呢?

1.认清虚拟社交的本质

沉迷于虚拟社交的背后，是赤裸裸的现实需求，如在现实中无法正常地交友、参加集体活动、释放压力等，都会导致人们把精力花在虚拟社交上。虽然虚拟社交可以弥补现实生活中朋友越来越少、聚会越来越难的缺憾，但是过度依赖虚拟社交也会让自己在现实中的朋友越来越少。所以还是要清醒地认识到，只有通过现实社会中的交往，我们才可以真正地获得满足感、安全感和成就感。

2.重回现实社交

虚拟社交带给我们的自恋、自尊、乐趣大部分都是虚幻的，这种虚拟的网络社交表面看似乎减少了人的孤独感，实际上，越是沉迷于虚拟社交，越会让人感到压抑，而且还会降低人们处理现实问题的能力。

减少“虚拟社交”的最好方法就是建立现实社会中的交际圈，

回归真实社交，关注身边实实在在的关系和人，少花点时间在线上，多花点时间回归线下。

3. 合理分配时间

人的精力是有限的，如果你把时间都花在刷朋友圈、看别人的留言、回些无意义的信息上，那么花在现实生活中的时间就会变少，这不利于现实社交的维持，甚至还可能会影响到你的事业和生活。

小测试：你适合和哪些人交朋友？

不同性格的人交友方式也不同，下面是几种性格的人在交友中的表现。你可以根据自己的性格判断自己更适合和哪些人交朋友。

自信活泼型

这类人不喜欢感性话题，只喜欢与工作有关、能给他成就感的话题，比如企业管理或企业家成功的传记。

幽默多话型

这类人主动性较强，和这样的人相处要把谈话的主导权交给他。但不要请他针对任何事发表自己的看法，因为他可能不愿意费脑筋思考。

羞怯敏感型

这类人不喜欢接触太多陌生人，对太热情或时事性的话题不太能接受。和他们相处不妨说些轻松的话题，如美食、旅行、家居布置等。

主动爱表现型

这类人不能忍受被冷落，喜欢侃侃而谈。和这类人交往最好将话题引向他的工作成绩、如何受大家重视等，满足他的表现欲。

认真细致型

这类人善于分析，喜欢观察及研究任何感兴趣的事。这类人不喜欢谈论道听途说的小道消息，即使是新闻你也要拿出准确的资料和数据给他看，他才会感兴趣。

友善体贴型

这类人很乐意认识你并和你闲聊任何话题，尤其和娱乐有关的话题，比如星座、占卜等。所以，和他们相处尽管放松心情。

沉默观察型

这类人很理智，比较有头脑，交往时不用和他虚伪客套。只要真诚相处他就能体会，不会对你有坏评价。他喜欢谈论自己所重视的事情，不妨问问他工作、理想或对自我的期许等。

第七章

处理好人际冲突，
找到孤独与交往的平衡点

换位思考：任何时候都不要以己度人

生活中，有人找朋友帮忙做个设计，或者拍个写真，一提到费用就立刻抱怨说朋友之间还斤斤计较，一个简单的活还要收费。那些理直气壮地让别人免费帮忙的人就是不会换位思考的人。

换位思考就是要设身处地为他人着想，站在对方的立场上思考问题，从而与对方在情感上得到沟通，为增进理解奠定基础。换位思考既是一种理解，也是一种关爱。人与人之间要互相理解，就要学会换位思考，这是人与人之间交往的基础。

一个人不主动去理解别人，就容易产生误解，自己也会因此耿耿于怀，觉得别人是不是对自己有偏见。只有站在别人的角度思考，才会理解别人的言谈举止，自己也会豁然开朗，不再纠结。

我们的很多感情本质上都是相似的，比如对爱和情感的向往，对生活的担忧，对未来的彷徨以及对美好生活的追求，在某种意义上来说都是相通的。这些感情让我们能够做到感受他人的内心世界，与他人建立亲密的连接，但前提是我们能够做到换位思考。只有我们做到换位思考，才可以与他人相互依偎、相互取暖，让我们不再感到孤单。

换位思考可以让我们变得更强大，因为有了换位思考的能力，我们就会更加理解他人，在沟通出现问题时可以迅速找到解决办法。在这种想象与可能的塑造下，我们也创造了更大更丰富的自我世界。

做到了换位思考后，徐凌发现自己在职场上反而更轻松了。

徐凌是一家互联网公司的高管，分管公司的好几个部门。她毕业于名牌大学，专业素质过硬，性格也非常好强，是业界有名的女强人。

徐凌主管的几个部门一直是公司业绩最好的，为了维持部门业绩，徐凌不仅对自己要求很高，对下属的要求也很严格。徐凌的强硬常常搞得下属怨声载道，但是在她的强大气场下，下属们也不敢当面说什么。

最近，公司中标了一个大项目，总经理很重视，在高层会议上点名交给徐凌负责。徐凌一下子压力倍增，为了又快又好地完成项目，她要求部门员工一切为了项目服务，在完成任务前尽量主动加班。

3个月后，大家终于加班加点地完成了初期产品，但是测试时，程序存在bug，导致产品测试没有通过。徐凌一气之下要求大家一起留下来开个项目会。

会上，大家一脸疲惫地听徐凌说项目存在的一些问题，看起来都很没精神。徐凌对下属的态度非常不满，开始训斥他们不认真。

这时产品经理忽然站起来说："徐总，我们刚加了一个通宵的班，每个人都很辛苦。程序存在bug也是因为您催得太急。我们知道您是怕完不成任务不好给总经理交代，但是您不能为了自己女强人的人设，肆无忌惮地蹂躏下属吧。您没有自己的业余生活，大家还有呢。您不应该拿自己的坏脾气去伤害周围的人。"

徐凌听到这番话，非常震惊，一时竟不知道该说什么好。员工们见徐凌也没有要继续开会的意思，就都提前走了。

员工们走后，徐凌坐在办公室里感到万般委屈。徐凌一直不知道自己错在哪里，最后还是人事经理启发了她。人事经理告诉她："你就是控制欲太强，不会换位思考，管理者有时候也要考虑一下员工的心情。"

后来，徐凌开始改善自己和下属的交流方式，不再强制大家加班，还鼓励大家把时间多放在家人身上。当她自己出错时，还会真诚地道歉。员工们得到了理解，再也没抱怨过。

徐凌会被下属抱怨很大的原因就是不会换位思考。换位思考是协调合作的首要要求，当我们与不同的群体合作时，只有换位思考才能让我们更好地理解彼此的需求。而具有更强的换位思考能力，也意味着有更强的管理能力，因为在充分理解他人意图的情况下进行管理协调，才能更加高效，获得更多的肯定。所以说，学会换位思考不仅是学会了与人相处，更是懂得了社会运行的根本准则。

我们如何才能做到换位思考呢？

1.主动询问

生活中，我们经常会遇到这种情况，如果我们对别人的一句话不是很理解，通常不会主动去询问，而是靠自己的大脑来补全信息。这就是很多误解出现的原因。开诚布公地交流才是最有效的，所以要做到换位思考，先要能够主动询问，这样我们才能准确地理解他人的需求。

职场上也是，只有多问、多调查，认真理解别人的立场和别人的诉求，我们才能更高效地做好自己的工作。

2.认真聆听

我们在社交活动中，通常要和不同人群交流沟通。一件事在不同的人眼中可能存在多种解读，未必谁就一定是正确的，别人的观点你可能不赞同，但你要了解他这么认为的原因，这样你才能对这件事理解得更全面。

我们遇到不同的观点，不同的理念，不要第一时间反驳，而是应该倾听一下对方的原因，当你处于对方的情况时会不会有类似的想法和态度？多聆听，更好地理解不同人群、不同族群的处境，才能更好地换位思考。

3. 利他优先

利他优先不是说不要利己，而是要通过利他来获得资源，获得合作机会，之后再来利己。换位思考是合作、沟通、互信的关键基础。

真正做到换位思考的利他，实质上是按照对方的需求原则来沟通，在价值判断上也要做到换位思考。

不惧怕被排斥：将孤独的压力转化为动力

不知大家是否也曾有过这样的经历：和不熟的人寒暄，假意赞同没道理的高谈阔论，硬着头皮参加无聊的聚会……这些假装很合群的举动看起来有些可笑，其实都是因为我们害怕被排斥，害怕孤独，才有了不得已的选择。

为什么我们宁愿花费精力逼迫自己合群，也不愿意享受独处呢？是因为大多数人并没有勇气直面孤独。为了缓解孤独，获得安全感，我们只能努力改变自己，假装合群来融入喧闹的社交和人群中。然而牺牲自我的伪合群只会让自己失去独立思考的能力，一旦淹没在人群中，你就会忘了自己为什么存在。

为了避免独处、摆脱孤独，我们会将精力转移到其他事物上，比如过度依赖手机，沉迷于虚拟社交中。许多人喜欢刷短视频、玩小游戏，都是为了填补生活的空白。人们会沉迷在这些小小的重复的循环中，毫无节制地挥霍时间，漫无目的地消遣，让空虚乘机而入。当你放下手机回归现实后，又会重新陷入迷茫消极的情绪之中。

迈克尔·哈里斯在《孤独的力量》一书中认为，孤独是一种等待每个人发现并善用的力量。孤独并不全是可怕的，高质量的独处可以帮助我们，也是我们了解自我内心的途径。

与其把时间浪费在显示自己合群，毫无意义的社交上，还不如将有限的时间用来充实自己。我们大可利用独处的时间学会几道菜，装饰一下房间，或者学一门乐器，我们把时间花在自己的兴趣上面，不仅可以提升自己的生活品质，还可以为自己开辟新的领域。

只有把孤独转化为力量，享受高质量的独处，你才不会觉得百无聊赖，反而会觉得无比充实。高质量的独处可以让我们逃离喧嚣的人群，从混沌的思维中抽离而出，重新用积极的方式填满自我。找到这样的独处方式，我们才能获得舒适感，让自己变得更加清醒。

杜宇为了合群曾迷失过自己，当他不再惧怕“被排斥”后终于找回了属于自己的生活。

杜宇是一个学霸，不仅学习成绩一直名列前茅，自己还会几门乐器。高中时学业紧张，杜宇在业余时间就弹弹吉他唱唱歌，来缓解学业的压力。杜宇性格有些孤僻，不喜欢扎堆，高中三年都是独来独往。那时候大家都忙着准备高考，杜宇没有社交压力，一直不觉得自己的生活习惯有什么问题。

读了大学后，杜宇还保持着高中时候的生活习惯，平时除了看书外，就是录一些自己唱的歌，偶尔去打打篮球，或者去操场慢跑。杜宇的作息时间非常规律，规律得不像一个大学生。

和杜宇一个宿舍的几个同学，进了大学就像脱缰的野马一样，逃课、谈恋爱、通宵打游戏，高中时被压抑的感觉，完全释放了。杜宇在这个宿舍成了一个异类，他自己不觉得有什么问题，倒是几位室友有点担心他，觉得他太不会享受大学生活，有点呆板。

为了让杜宇活泼起来，室友们开始有意无意地带着杜宇一起玩。周末时室友会拉着杜宇去网吧玩游戏，有时候玩累了几个人就去KTV唱歌。杜宇虽然不喜欢这些活动，但是因为不太想伤害室友们的感情，也不太会拒绝别人，便加入了室友们的集体活动中。

杜宇放弃了阅读、弹吉他，每天与另外3个室友打游戏，甚至还陪他们玩一些自己一窍不通的游戏，只是想让自己看起来合群些。可是，放弃了自己爱好后，杜宇过得很不自在，他既没有融入他们的小集体中，也没有把时间花在自己喜欢的事情上，“伪合群”让杜宇痛苦不堪。

后来，杜宇终于坚持不住，和室友们表明了一切，然后他回归到自己以往的生活轨迹中。他又找回了独处的快乐，重新开始享受独处的时光。回顾自己的这段生活，杜宇很庆幸自己没有深陷“伪合群”的旋涡中，他知道如果不是及时抽身，久而久之，他就会习惯追随他人的步伐，甚至丧失自己应有的判断，陷入不断妥协的泥潭之中。

孤独是一种力量

从他人面前消失，并不意味着脱离了与他人的关系。相反，独处会加深对自我的认同感、对恋人和亲人的欣慰感和留恋程度。与其凑合过着并不如愿的生活，不如享受孤独，活出生活的质感。一个真正自律的人，应该懂得如何安放自己的内心。

孤独可以启发自我

从本质上讲，我们每个人都是孤独的个体。对于任何人而言，孤独都是不可避免的。即使身处闹市，你依旧会感到孤独。随着年龄的不断增长，我们的生活里也会出现越来越多的孤独。

享受孤独是一种能力

难能可贵的独处时间，是与我们自己的内心对话。享受独处带来的舒适感，保持自律且充实的生活状态，会让内心更加富足和充盈。它会让你不慌张、不莽撞，收获从容不迫的状态和心境。它会让你看到事物的本质，解决内心的冲突。

正视批评：不做过于敏感的“低自尊者”

你是不是常贬低自己，觉得自己做不好任何事情？

你是不是缺乏自信心，总抱着自己会失败的想法？

你是不是不愿向别人敞开心扉，内心总是带着防备？

你是不是非常抵制变化，更喜欢僵化的行为方式而不愿冒险？

你是不是常带着防御性的孤独，当别人夸你时，你会觉得不自在，甚至反驳他们？

如果你发现自己的答案是肯定的，那么，你有可能是一个低自尊者。低自尊的人常常把事情往坏处想，却不愿意付出努力，因此在学业、事业中取得的成功也较少。低自尊的人还喜欢用批评别人的方式来攻击他人，因而常常被孤立。同时，低自尊的人又常常过分专注于自己不被接受的地方，这又进一步削弱了他们的自尊，形成恶性循环。

生活中，低自尊的人还会下意识拒绝那些美好的东西，因为他们觉得自己不配拥有那些美好的东西，只有那些有瑕疵的东西才能减少他们的压力，让他们感到安全，可以安心占有。此外，低自尊者在人际交往中，总有一种没有由来的担忧，觉得别人可能会忽然厌弃他们，这让他们在人群中会表现出一种疏离的态度来保护自己。

下面的案例中，何芸就是一个典型的低自尊者。

何芸在公司里是个“便利贴女孩”，她觉得自己样貌平平，能力一般，不敢拒绝同事的无理要求。她因为总是帮同事分担工作，所以经常加班到半夜。她以为自己是勤勉刻苦，谁知到了升职加薪的时候就没有她的份。因为她花了太多时间在同事的工作上，自己的工作反而被耽误了。她的存在价值就像便利贴一样，随用随取，用完就被丢弃了。

何芸上学时就是这样一个人，她不相信自己的能力，把好成绩都归于运气，她觉得自己根本不聪明，只是死记硬背而已。如果有同学叫她一声学霸，她就非常惶恐，连连否认。即使是来自好友的表扬，何芸也不敢相信，不能接受，觉得那些表扬只是好心的安慰而已。

工作后，何芸就一直学不会拒绝，虽然她是项目人员，却成了办公室打杂的。她不敢反抗同事的欺负，不敢向对方不合理的要求说不。因为她觉得拒绝了一个人的要求，就等于否定了这个人。所以她没有边界，一味退让，最后成了人人都可以欺负的“老好人”。

何芸工作不到两年，虽勤奋努力，但自认没什么突出业绩。有一次，她被外派去参加短期培训，她以为经理是为了平衡部门竞争才让她这个表现一般的员工去参加，所以经理夸奖她时，她表现得惊慌失措，连连摆手。后来何芸才知道她的考核分数很高才被选中去参加培训的，经理还曾在背后表扬过她。何芸还是觉得自己不值得被认可，不配受到称赞，对这件事心存负疚，好像犯了什么错似的。

何芸是一个低自尊者，所以她才会连续不断地产生自我否定的想法，看不见自己的优势，对经理的决定也惴惴不安。

相信自己，认为自己有权过上幸福的生活，才是自尊的本质。如果一个人生活在健康的环境中，充分得到了爱与尊重，他们就比较容易朝理性、有益的方向发展。如果不能，出现低自尊现象也要努力自救。为了维护自尊，具体操作可以参考美国心理学博士纳撒尼尔·布兰登所著的《自尊的六大支柱》。

1. 有意识地生活

有意识地生活就是面对现实，了解自我，区分自我与他人的想法，做到行动与内心相一致，从而自我信任。要分辨出有利于自尊与不利于自尊的事，审视环境，不断修正自己。要在尊重与逃避之间，勇敢做出选择，直面现实而非逃避现实。

2. 自我接受

自我接受就是拒绝与自己对立。要做到尊重自己、重视自己、保护自己，不放大自身错误。对个人价值要有充分的认识，不管自己有多少缺陷、不足，都要毫无保留地、完全地接受自己。

3. 自我负责

自我负责就是要为想实现的目标负责，而不是期望他人实现自己的愿望。

自我负责还要为自己的幸福负责，学会爱自己、照顾自己，自己替自己决定，才会无忧无虑。要意识到如果做不到自我负责，低自尊的情况就不会好转。

4. 自我维护

我们不能为了取悦别人而掩盖自我。没有适当的自我维护意识，我们就成了旁观者而不是参与者。与他人建立亲密关系而不放弃自我意识，善待他人而不自我牺牲，与他人合作而不背叛自己的准则与信念，才是真正在实践自我维护。

5. 有目的地生活

有目的地生活就是有效地生活。令人获得自尊的，恰恰是正在进行的实践。如果没有目的地生活，那自己就会被偶然机会捆绑，只有依靠外部力量才能进步。

6. 个人诚实

当我们的行为方式与自己的判断准则发生冲突时，要真诚地面对自我，不要认为自己的判断不重要，不要认为只有他人的判断才是有作用的。我们要成为自己的主人，搞清楚自己所求所想是什么。

南风效应：温暖的沟通方式是解决问题的法宝

法国作家拉·封丹曾写过一则寓言，讲的是凛冽的北风和温暖的南风打了个赌，看谁能让行人把身上的大衣脱掉。北风一上来就吹得人寒冷刺骨，结果行人为了抵御北风，把大衣裹得更紧了。南风则徐徐吹动，行人因为觉得很暖和就脱掉了大衣。南风最后获得了胜利。

这则寓言衍生出一个社会心理学概念，被称为“南风效应”，指的是温暖胜于严寒，处理关系时，示弱、温暖的方法要胜过强势、冷酷的方式。

南风效应在生活中的应用非常广泛，比如公司管理上要让员工感受到温暖，恩威并重，才能留住人才；业务上要让客户感受到用心和温暖，才能谈成业务；生活上要对身边的人温柔以待，才能关系和谐。用对了南风效应，会起到事半功倍的效果，一旦用错方法，可能会带来不可挽回的损失。

沈灵就是一位懂得运用南风效应的管理者。

沈灵是一家公司的行政总监，虽然身居高位，但她并没有让同事们敬而远之，反而是全公司态度最温和、言语最温柔的人。每个和沈灵打过交道的同事都对她赞不绝口。

沈灵刚进公司时只是一个行政专员，负责后勤、给各部门传达总裁办的各种指示等工作，在别人眼里就是个打杂人员。但是沈灵没有得过且过，而是经常向同事们请教各种问题。行政部门的主管见沈灵如此好学，也经常教她一些行政管理方面的经验。

一次，公司要组织一次团建，行政部主管吩咐她去订酒店，联系旅行社。沈灵按照主管的吩咐订好了酒店，本着负责任的态度，她又查了查团建目的地那两天的天气情况，发现天气预报说那两天有暴雨。沈灵就找到了主管，用请教的口吻问："我查到过两天团建的地方可能有暴雨，您看这种情况该怎么处理？"

主管对沈灵的态度很满意，把自己以往的处理经验分享给了沈灵，还指点她做了一个替换方案。

由于沈灵的出色表现，没过两年她就升到了行政主管的职位。有一次公司要参加一个很大的展会，沈灵代表行政部参加展会的推动会议时，设计部和策划部的同事因为配合不顺利，相互指责起来。

沈灵没参与他们的争执，反而先认错说自己统筹工作没做好，然后提了一个更好的推进方案，建议两个部门在任务节点上都给对方两天缓冲的时间，如果完不成再追究部门的责任。

两个部门的主管商量了一下，都觉得这个方案比较人性化，高兴地接受了沈灵的方案。

沈灵升任行政总监后也没有专断独行，反而更愿意听取下属的意见。有一次公司的两个部门因为配合不好又反映到行政部这里。沈灵召开行政部会议讨论解决方案时，一名刚进公司的同事建议给上一个流程的部门设定一个时间节点，如果在这个时间节点上完不成自己的工作，下一个流程的部门可以拒接这个部门的工作。沈灵觉得这个方案虽然有点不近人情，但是非常高效，于是在会上特意表扬了那位新同事："年轻人就是聪明好学，我们这些老同事还要多多学习。大家都要向这位新同事学习。"

沈灵就是很好地利用了南风效应让同事和自己相处时都有种如沐春风的感觉，让她不仅升职加薪，还成为全公司最受欢迎的人。

1. 谦虚谨慎

每个人都有"好为人师"的心理。为了满足对方这样的心理需求，当我们请教别人的时候，不妨放低姿态，谦虚谨慎，在对方的专业领域内有针对性地请求指导。这样可以凸显对方的知识渊博，满足其自尊心。

当你表现出自己需要他人帮助时，其实也从另一面显示了对方的强大，所以当你使用请教式语言的时候，就能轻松获得对方的好感，同时还能解决自己的问题。

2. 委婉客气

表明自己的观点或提出自己的方案时使用请教式语言，既可以征询对方的意见和建议，还可以给对方被重视的感觉。比如："我认为这个方案挺不错的，我们应该进行推广，您觉得呢？"

因为不能什么问题都依赖别人解决，所以首先表明自己的观点，甚至提出解决方案，这是自己实力的证明。而同时询问他人的意见，其实是表示对对方的尊重，内在的含义就是"我在乎您的意见，您的意见对我很重要，因为您专业权威"。这样自然会让他人觉得自己被重视，从而更加心平气和地展开讨论。

同时，征询他人意见其实也算是组建自己的战队。因为一般情况下，我们都喜欢询问朋友或者信任的人的意见，所以你在征询他人意见的同时，无形中就拉近了两个人的关系。

3. 不吝赞美

在请教得到反馈之后要有感谢或者认同和赞美。

当然这要在现实基础之上，在对对方表示感谢之后，对其回应的精彩之处赞美，能加深对对方的认同。同时还可以伴随肢体语言的配合，比如眼神的交流，微笑点头，或者记录对方的发言，都可以加强这种认同。

荣辱之间：如何在他人褒贬中平衡自我？

作为社会中最富有生命力的群体，年轻人富于幻想，敢于创新，什么都想去尝试一下。这种冒险精神本来是值得提倡的，却经常被那些所谓的“权威人士”的评价所扼杀。比如生活中经常有长辈对年轻人说“这事情你做不好”“你不是那块料”“你没那个天分”，这些评价无疑像个铁箍，箍住了年轻人的想象力和创造力，使他们陷入了自我怀疑的烦恼中。

事实上，来自他人的评价只是衡量自我价值的一种参考，最准确的评价是自己对自己的认识。能够走出被他人褒贬绑架的怪圈是一个人心理成熟的重要标志。如果一个人被他人的评价所左右，对自己丧失了信心，结果就会什么事都做不好。实际上，行动比任何言语都有说服力，当你排除万难，坚持自我，并获得成功时，那些曾经困扰你的评价就会不攻自破。当你证明了自己时，那些因他人否定而带来的内心折磨，就会消失无踪。

所以，只有正确对待他人的评价才能正确认识自己。不要在褒奖中得意忘形，也不要在批评中灰心丧气，要有坚持自己的勇气和决心，在实践中自我成长。到那时，他人的负面评价就会在你的意志面前无声瓦解。

宋茵就是因为不能在他人的褒贬中平衡自我，陷入了焦虑的情绪中。

宋茵最近过得有些焦虑，因为连续做了几个方案被否定后，主管对她说她不太适合广告这个行业，建议她转行。这个评价对一个职场新人来说是一个极大的否定，而且宋茵又非常喜欢广告行业，这个否定简直一棒子把她打蒙了。

被主管批评之后，宋茵就变得有些焦虑，她常常会翻来覆去地反思自己曾经做过的那些错事，或是给他人留下的不好的印象，这些印象在她脑子里像过电影一样挥之不去。不仅如此，宋茵还特别害怕自己将来的发展，她怕达不到主管的预期，自己会被辞退。后来主管还专门找宋茵解释说，那天部门丢了个大单子，她心情不好所以说话有些重，其实作为新人来说宋茵表现得已经很不错了。虽然主管解释，但是宋茵还是没放松下来，做事情还是小心翼翼，她每天都只能看到自己的问题，觉得自己是个自卑和自恋的结合体，敏感脆弱，诚惶诚恐。宋茵的问题其实就是太在乎别人的看法与评价了。

宋茵和其他人一样，也非常渴望得到别人的关注，比如她在朋友圈发出一条动态，就会希望很多人来围观评论互动，当她穿上漂亮衣服，打扮得美美的，就会不自觉地渴望得到赞扬和掌声，而她在为人处世中也希望能得到别人的肯定，所以做每件事都很顾忌别人的看法，害怕有反对的声音。

但是像宋茵这种不能淡定地对待外界评价的人，自恋和自卑都会形成一种作茧自缚的捆绑模式，让自己困在情绪里。以他人的欣赏或批评来决定自己的喜怒哀乐，最终让自己沦陷在焦虑的情绪里，无法做到真正地逍遥和开心。

宋茵就是太在乎别人的眼光和评价，希望自己永远可以呈现被赞美的样子去交际，演绎不同状态的自己。然而当我们成熟后会发现，每个人的人生都是“如人饮水，冷暖自知”，别人的评价改变不了自己的人生。所以，永远不要活成别人眼中的自己，不要太在意别人的评价，做自己就好。

1. 正确评价自我

自我评价是指一个人如何看待自己，以及如何看待自身的价值。一个过于在乎别人看法的人，常常会把自我价值建立在别人的评价上，那么自己的命运将永远握在别人的手里。只有正确评价自我，不为了迎合复杂的外界而委屈掩藏自己，才能过好自己的生活。

2. 放宽眼界

一个人总会随着年龄的增长自然而然地自信起来，因为经历得多了，能力自然会提高，也就具备了实现自我价值的依托。所以，要认识到现在的你只是更大自我的一部分，去做一些事，去展现自己的价值，人生中的每一件事都会成为自我的延伸，进而构建起一个强大的自我。

3. 正确分辨各种评价

有一些评价是善意的，比如自己的家人的评价，我们要在意，因为他们是真正为你着想的人。

有一些评价是无足轻重的，比如那些陌生人的评价，我们就不要去在意，因为陌生人在不了解你的情况下，是没有资格去评价你的，所以他们的评价是没有任何意义的。

当别人对自己的评价不好时，不要太在意，端正自己的态度，做到问心无愧就好。

小测试：你具备处理人际冲突的能力吗?

下面的小测验，可以帮你更好地了解自己是否擅长处理人际冲突。

1. 办公空间有限，你不得不将一位销售专家安排在打字员的办公桌附近。这位专家是公司元老，一向工作出色，年薪也相当高；但也常迟到早退，不到休息时就去小憩，桌上也总乱糟糟的，而这会给打字员造成不良影响。你将怎么做?

A. 解雇专家；

B. 如果打字员不守规章，就解雇他们，因为打字员比熟练的销售专家容易找得多；

2.你是个从普通职员提拔起来的经理，工作很繁忙，对于本部门的一系列复杂日常事务，你知道自己比手下人都要胜任。那么，你将选择哪种做法?

A.对每件具体工作事必躬亲；

B.把这些事分别派给几个下属去做；

3.你希望一位执拗的同事按你的意见去做，应该怎么办?

A.尽量使他相信这建议至少有一部分是出自他的头脑；

B.竭尽全力说服他；

4.你是老板，一名雇员向你献上有关提高效率的计策，而他的建议是你早就已经想过并打算实施的。那么，下面哪种处理方法较好?

A.告诉他你真实的想法，但也对他与你的不谋而合给予充分的肯定；

B.闭口不提你以前的想法，只赞扬他的合作精神；

5.善于言辞是优秀业务员的标志，假定你和一位才学高深、掌握数国语言的博士交谈，你会选择哪种风格的句子?

A.这是常见的事；

B.这件事发生的频率很高；

6.你知道这位可能成为你客户的人喜欢收集蝴蝶标本。你医为业务去拜访他时，拿出一个标本说:“听说您是蝴蝶标本专家，这是我孩子捕到的一只蝴蝶，我想向您请教一下是只什么蝴蝶。”你预计可能发生什么样的情形?

A.他会觉得你很冒昧，不合时宜；

B.他会对你有好感；

评分

每答对一题得3分；选错不得分；最后计算出你的总得分。

每道题的正确答案分别为：1.B；2.B；3.A；4.A；5.B；6.A。

解释

15分、18分：你是优秀的人际关系协调者。你不是靠盲目地鼓励首肯，或以不容分说的高压手段来解决问题，而是长于以理服人、以情动人，用高超的技巧来实现目标。你有潜力领导、管理大的团队。

9分、12分：人际关系协调能力一般。平常情况下，你能够以合理适度的方式使他人接受你的意见并按你的意图去做。但若时间紧迫或情况特殊，你往往会做出一些不当的决定。这说明你不大适合大范围的人际关系的管理及协调。

0分、3分、6分：人际关系协调方面有所欠缺。你不了解在处理工作关系时因势利导的原则，对人的观察研究也不够，这使你很难得心应手地协调好各方面的关系。你更适合做具体的专项工作，而非管理工作。

第八章

在孤独中前行，寻获自我提升的动力

认清孤独的优势：孤独可以让你变得更出众

孤独可以说是人生的常态，享受孤独才是正确对待孤独的姿态。孤独不是让一个人变得不合群，而是变得更出众。生活中有很多优秀的人，就是因为能够享受孤独才在自己的领域取得卓越的成就。因为孤独让人清醒，可以追求自己想要的目标，不会人云亦云，不会丢掉自己的梦想，所以孤独也是走向成功的道路。

优秀的人大多也是孤独的。那些有着自己兴趣爱好的人从不害怕独处，独处时他们可以读书、学习，提升自己，所以一个人的生活也能过得充盈自在。而那些没有任何兴趣的人，独处时只会感觉到无所事事，内心空空如也，找不到可以填充内心空洞的事情，所以才会害怕孤独。

一个人只有孤独的时候才可以拥有完全属于自己的时间，所以人只有在孤独的时候，才是最自由的。如果一个人完全没有享受过孤独，说明他从没有享受过自由的乐趣。一个能够很好地与自己相处的人，才能更好地与他人相处。

周琪就是在孤独中学会了自律，也让自己变得更加优秀。

周琪从进入大学开始，就是寝室里起得比较早的一个。她很享受早起时那段独处的时光，早上的校园只有鸟儿的鸣叫声，她可以坐在校园的草坪上，读书或者听音乐，只要自己喜欢，她做什么都可以。

加入了英语兴趣班后，周琪起得更早了，有时候她也会有偷懒的想法，但是一想到可以自由自在地支配自己的时间，周琪就会迅速爬起来。同学有时候会问她为什么上了大学还那么辛苦，看那些一觉睡到中午的同学，活得多自在。但是周琪知道自己独处时也是自在的，每个人对自由的定义都不同。

周琪一点也不羡慕那些睡到中午的同学，她觉得她的自律也是一种自由，因为早起的那段时间，她可以做一些自己感兴趣的事。比如，早上如果她不想看书，可以到僻静的地方练练自己快荒废了的小提琴，或者围着操场慢跑几圈减肥。

有一次，周琪在操场的角落里看到一个女生在练英语，她手里拿着早餐，一遍一遍跟着录音读稿子，她声音不大，但周琪听得出来她的发音很标准。她看着那个女生，想起了自己以前练英语演讲，也是这么独自一人一遍一遍不厌其烦地纠正自己的发音。周琪经过她身边时，给了她鼓励的手势，那女生弯弯嘴角，回应了周琪一个微笑。遇到了同道中人，周琪觉得自己一天的心情都是好的。

工作后，周琪也很勤奋，她希望过两年自己能够去读喜欢的专业的研究生。有同事知道她这个想法觉得她有些不切实际，如果工作做得好，为什么还要去读书，浪费了升职的机会。周琪觉得每个人的选择不同，同事的建议虽然也有道理，但是人总要有一段感动自己的日子，所以虽然自己的选择不是完全理性的，但是想起自己努力保持能量满满的每一天，她就不会感到后悔。如果将来她过不上自己理想的生活，那么她会更加努力，更加拼搏，总有一天会实现自己的梦想。

我们很多人都害怕孤独，因为孤独意味着寂寞，意味着无人陪伴。大多数人独处时都会感到压抑，觉得孤独像一场漫长的等待，看不到未来，不知道结果，让人忧虑焦灼，甚至迷茫，所以很多人本能地抗拒孤独。但是在成长过程中，每个人都逃不开孤独，与其抗拒孤独，不如去享受孤独，因为享受孤独的同时你将会在独处中培养自己的优点。

1.思想独立

享受孤独，前提是要学会独立思考，可以不被别人打乱自己的思路，坚持朝着自己当初的目标努力下去，这样才更加容易获得成功。只有一直在自己的思想里前进，不受外界的干扰，坚持独立思考，才更有可能获得最终的成功。

2.生活独立

想要享受孤独，就要有心理准备成为所谓的“不合群”的人，所以必须做到生活独立。独立的生活可以给我们很多锻炼，比如将很多事情安排得井井有条，提高自己的决断力。

生活独立也会让我们在职场上更容易成长，因为生活上的独立锻炼了我们的敏锐度，当我们需要独立处理事情时，第一反应就是靠自己怎么去想、怎么去做，提高解决问题的能力后自然比其他人更容易走向成功。

3.坚守本心

我们在享受孤独时可以学习自己感兴趣的技能，在学习里进步，增加自己的知识，提高自己的能力，有了一技傍身我们才更有资本坚持本心。而且，享受孤独可以使我们的内心比较平静，会控制自己不合理的欲望，不会因为追逐名利让自己随波逐流。

高质量独处：提升你的人生层次

很多人就是因为觉得自己性格内向，社交低效，沟通能力差，为了强迫自己合群而不得不身陷无效社交的困境中。

无效社交的体验相信很多人都有过，比如你聊文学，他聊股市，你谈的是对生命的思考，他同你讲劝酒文化，你觉得鸡同鸭讲，无比尴尬，他已经开始和旁边的人聊得热火朝天。

为什么那么多人会深陷无效社交之中呢？因为大多数人都害怕孤独。虽然现在很多人喜欢标榜孤独，觉得给自己贴一个孤独的标签可以显得特立独行，但是他们却并不喜欢孤独。他们宁愿在不属于自己的圈子里逢场作戏，也不愿享受高质量的独处，因为他们没有意识到无效的社交比孤独更可怕。无效的社交只会浪费自己的时间和感情，和那些不过是点头之交的人吃吃喝喝，说些不着边际的话，你以为你收获了快乐，其实你只是又糊糊涂涂地过了一天。无效的社交不仅会蹉跎你的人生，甚至还会让你误入歧途。所以，我们不要死死抱着无效的社交不放，而应学着如何高质量地独处。

沈雯学会了独处后，发现高质量的独处比无效的社交要有益得多。

沈雯原本是个完全不能忍受孤独的人，她从来没一个人吃过饭，就算下了班也要拉着同事一起吃个晚饭。周末的时候，沈雯是一定要和朋友聚会的，无论是聚会、逛街、购物还是K歌，她都乐此不疲。而且，每次聚会完回家，沈雯还要在微信群里聊好长时间，直到群里的朋友都去睡觉了，沈雯才肯放下手机去睡觉。

沈雯一直很想跑步减肥，可是因为约不到人，她就一直没去做这件事，每天只是收藏那些减肥视频，但是一次也没跟着做过。沈雯不喜欢一个人在家待着，只要是闲暇时间都用来和朋友聚会，日子看似热热闹闹，其实一事无成。

直到有一天，沈雯被外派到分公司负责一个项目对接工作，她到了一个新城市，没有朋友，没有家人，只能开始独处。

一开始沈雯有些害怕孤独，她没想过一个人怎么在陌生的城市生活下去，那得多么寂寞啊。两个月后，沈雯才下定决心去适应一个人的生活，她开始利用周末的时间收拾房间，或者坐在阳台上，读一本自己很早就感兴趣的书，她想跑步时也能直接出门蹦跶半小时。没人陪她，她反而渐渐习惯了，发现独处的时光也是珍贵的，自由自在，没人约束的日子也是一种享受。

独处的时间沈雯又捡起了自己的爱好，她早就自诩是手艺达人，一个人没事的时候她就把以前的手工重新捡了起来。在外派的一年里，沈雯做了很多毛毡玩偶送给朋友、自己，学了刺绣，做起了各种汉服的饰品。因为她手工做得好，居然还有人向她定制一些饰品。沈雯的爱好也成了她的一个副业。沈雯开始在朋友圈显摆她的“作品”，首饰、包包、毛毡、刺绣……

越来越多的朋友发现了沈雯的才华，开始不断帮她宣传。沈雯靠着自己的副业还赚了不少外快。沈雯终于爱上了独处的生活，她发现高质量的独处比可有可无的社交给她带来的快乐要多得多。

一个人只有避开外界的浮躁和喧嚣，冷静一段时间之后才知道自己真正想要的是什么样的生活。就像沈雯一样，当真正过上独处的生活时才发现独处并不会让她变得孤独，而且还让她提升了自己的生活品质。

高质量独处，不是为了显示自己特立独行，而是为了让自己内心充盈起来。如果你很难一个人独处，可以试试以下几个做法。

1.独自做一件事

如果你从没有尝试过独处，可以试着独自完成一件小事，比如一个人逛街，一个人看电影，一个人去吃火锅。当你尝试着独自做一件事时，感受一下独处是不是真的像自己想的那么可怕。当你从独处中感受到一些新奇的感觉后，可以试着继续强化，做一些对你来说更难以独自面对的事情。

2.尝试独居

独居可以自由分配自己的空闲时间，可以研究房间布置，一个人打扫卫生解压，或者坐在阳光下读一本喜欢的书。当你充实地独处时，内心是不是没有那么孤独了呢？如果是的话，说明这是个好的开始，你完全可以过上高质量的独处生活。

3.发掘自己的兴趣爱好

高质量独处的方式有很多，只有适合自己的才能让你感到充实，所以想要爱上独处，就要发掘自己的兴趣爱好。独处时，有自己想要做的事，喜欢做的事，才会在独处的时间里找到更多的快乐。

锻炼批判性思维：独立、冷静、理智地看待人生

我们在生活中也许会遇到这样一种人，他们对什么事都抱着怀疑的态度，对别人的观点都秉持反对意见，如果你问原因，他们就说自己这是批判性思维。他们的口头禅是："某某说就对吗？大部分人觉得对，就是对的吗？你有没有点批判性思维？"

那么，到底什么是批判性思维呢？

怀疑一切是批判性思维吗？习惯性反对是批判性思维吗？认为谁都会出错，谁说的都不在理是批判性思维吗？

批判性思维是一种思维的模式，是一种严谨的思考方式。批判性思维不只是批判，还是从原意出发，在思辨中寻找真理的思考方式，是在公正公平的基础上，对事件进行客观剖析的能力。

因为每个人的受训经验和非理性思维的程度是不同的。在现实生活中，只有少数人能够认识到思维方式在生活中的重要作用。对于大多数人而言，在很多情况下，都是自己思维方式的受害者，惯性思维常常有害无益，所以批判性思维是非常有必要的。

宋涛是个喜欢否定一切的人，但是在他看来自己只是太过理性而已。

宋涛自诩是一个有批判性思维的人，但是在周围人看来，

他最多是个杠精而已。宋涛本着自己认为的批判精神，遇到什么观点都反对一下，自己的口头禅就是“我觉得不是这样”。比如他在网上看到网友悼念一个名人，他就会反对说：“人家是做什么的你们还不一定弄清楚了呢，有什么资格悼念他？”

宋涛一直以抬杠为荣，直到有一次吃了亏，才开始反思自己的反对究竟是批判精神，还是为了反对而反对。

宋涛大学毕业时，学校请来了优秀校友给他们这些毕业生讲解求职技巧。一个学长告诉他们简历上最好有一张好看点的合乎规范的照片。但宋涛之前查过的一些网站上却说简历上不要贴照片，会降低印象分。宋涛就想肯定是学长的观念已经过时了，他教的很多东西应该也没什么用，所以后面这位学长讲了什么，宋涛也没认真听下去。

但当宋涛真正参加面试时，却因为简历上没有照片差点错失机会，他这才感受到当初的“想当然”是多么可怕。经过这一次教训，宋涛开始反思自己，虽然他还是习惯性地想要反驳别人，但是他不再为了反对而反对，而是多方面思考后再说出自己的想法。

一个人的思维方式决定了他的行为方式、感受以及需求。如果他的思维方式不符合现实，就会陷入沮丧和挫折之中。案例中，宋涛就是没搞明白什么是批判性思维，把自己的抬杠习惯误认为是批判精神，所以才在求职的时候差点失去了面试的机会。所以，正确培养自己的批判性思维非常重要，我们可以从以下几个方面来学习。

1.保持思维公正

质疑、批判都是批判性思维的关键要素，但不断批判他人的错误并不代表批判性思维。

一个人的思维方式决定了他的思想高度、眼界和胸怀。一个具有公正精神的思考者，首先要承认自己并不是无所不知的。当我们承认这一点，以一个无知者的身份去对待自己的思想和他人的思想时就会有一个公允的评价。这样可以让我们在批判他人的同时也反思自己，这就是批判性思维的初级阶段。

2.提高质疑的能力

只有提高自己的质疑能力才能通过问题找到事实的真相。这就是批判性提问所推行的“淘金式思维”。只有提高自己的质疑能力，我们才能分辨各种问题的本质，并从中找到有价值的东西。

3.提高思辨的才能

提高思辨能力我们才能识破生活中遇到的各种各样的诡辩。各种非理性的认知偏差、修辞谬误已经使得我们的沟通表达隔阂重重，而那些常见的偷换概念等伎俩，更能让别有用心的人在诡辩中获益。所以我们要提高自己的思辨能力，因为如果无法分辨出他人的诡辩，我们就会落入他人的圈套，分辨不出真相是什么。

4.形成独到的思维模式

形成独到的思维模式是锻炼批判性思维的重要方式，只有通过观察事物的表现方式，跳出固有的思维模式，去重新提问、思考，才能让我们更深入地思考事物的本质。这也是创造性思维的开端。

当我们敢于质疑现状，敢于提出全新的观点或想法，这就表示我们已经可以驾驭批判性思维了。

培养专注力：摆脱浮躁的困扰

日本作家村上春树曾说："没有专注力的人生，就仿佛睁大眼睛却什么也看不见。"但似乎在我们现在这个信息爆炸的时代，专注力已成了我们最缺乏的东西。

我们每天被无数信息侵扰，朋友圈、微博、短视频，一拨又一拨的信息蚕食着我们的注意力，我们几乎是无时无刻不在盯着手机。一个人的注意力被这么频繁地切割，想要专注于工作确实不是一件容易的事。

青少年缺乏专注力会遇到学习障碍，学习比较差的孩子往往不能够集中注意力学习或解决问题。而成年人缺乏专注力则会影响工作效率，一个不能集中精力的人更容易在工作中出错，给公司带来损失。

一个人想要变得比别人优秀，首先要有过人的专注力。专注力决定了一个人的思维能力和进步空间。有些人看似忙忙碌碌，努力学习和工作，但是因专注力不够，做什么都浅尝辄止，看似涉猎很广，但并没有取得实质上的进步。这种努力只是自欺欺人而已，只有真正专注于某件事的努力才是有效的。

在这个快节奏的时代，我们兼顾的事情太多，一心多用的结果就是什么都没做好。这时，我们不妨停下来，重新尝试专注于某一件事而不是走马观花般地当一个信息处理器。当我们因此获得进步时，就会发现专注力的可贵之处。

下面的案例中，我们可以看到，专注力提高后，吴倩的工作效率也大大提高了。

吴倩毕业后进入了一家传媒公司，她觉得自己每天的工作特别忙，早晨一到公司就是主管交代的各种待办事项。吴倩一直都在努力地处理各种工作上的事，却还是经常挨批评。因为她本身就没什么工作经验，加上自己性格比较随性，工作起来就有些三心二意，因此经常出错。

有一次公司主办一个新闻发布会，快结束时临时加了媒体采访环节，经理虽然提前交代吴倩通知接受采访的嘉宾，但是吴倩开会时脑子里一直在想别的事，结果就把这件事忘得干干净净。因为吴倩没有提前通知，等媒体采访时，嘉宾已经走得差不多了。事后，经理把吴倩狠狠批评了一顿。吴倩有些委屈，觉得自己没负责过类似的工作，做不好也情有可原。

吴倩原本没有觉得这个错误有多严重，直到人事经理通知她过去谈话，她这才意识到自己可能犯了大错。

人事经理和吴倩是校友，对她的态度很和善，笑着问她："你是传媒专业毕业的，没想到你对这份工作这么不积极，做事情一直三心二意的，是不喜欢这份工作吗？"

吴倩摇摇头，有些茫然地说："我很喜欢这份工作，上次出错是因为我没做过类似的工作，我也不是故意的。"

人事经理听了这句话后告诉吴倩，自己也是从小职员做起的，一个新员工不可能什么都做过，她的问题是没把心思放在工作上，如果不能集中注意力，就不可能把自己的工作做好。

吴倩被经理说中症结，回去就开始反思。她这才发现，自己从小就是个注意力不集中的孩子，小时候做功课都要妈妈在旁边看着。因为她做着做着功课就会突然跑去玩玩具，过不了多久她又想去看电视，总之她每天都是这样没有专注力，导致做作业经常要做到晚上十一二点。

吴倩在反思自己的时候忽然有了一种羞愧感，她以前总觉得自己工作忙，现在才发现自己忙碌了一天，处理了那么多信息，却好像什么都没干好。就像经理说的一样，因为没有专注力，她每天被各种琐事缠身，该做的事基本都没有做好。

吴倩知道了自己的问题所在，下定决心要培养自己的专注力。为了能专注做事，吴倩给自己做了一张工作进度表，按轻重缓急把要完成的工作详细列好，并注明了完成时间。为了提醒自己，吴倩还做了个备忘录，把重要的工作都放在了备忘录里，这个备忘录后来就变成了她随身携带的小本子。

养成了这个习惯后，吴倩的工作质量大大提高，经理交代她的工作，她基本都能出色地完成。

吴倩的经历告诉我们只有足够专注的时候，我们的大脑才能发挥出最佳潜能，我们的思考才有价值。那么我们该如何提升自己的专注力呢?

1. 保证充足的睡眠

睡眠不足是导致专注力不足的主要原因，因为睡眠不足会对我们大脑产生很严重的负面影响。所以，良好的睡眠质量是提升专注力的第一步，只有充足的睡眠才能让我们的大脑发挥出最大潜能。

2. 合理安排工作

我们一定要学会合理安排各项工作，把每一件待办事项按照轻重缓急进行排序，确保每件事在时间上不冲突。这样不仅可以让我们清空脑海中的杂事，专注于紧急的工作事项，还可以节约时间，更快地达到目标。

3. 合理安排时间

每个人都有两种“黄金时间”。一种是内部黄金时间，是一个人精神最集中、工作最有效率的时候。内部黄金时间因人而异，在通过观察掌握了自己的内部黄金时间后，用这个时间处理最为重要的工作。另一种是外部黄金时间，是指和其他人交往的最佳时间。虽然外部黄金时间需要遵循他人的日程，但可以利用这段时间充分表现自身的优势。

4. 排除外界干扰

当我们开始工作时，最好把干扰我们工作的东西放到一边，尤其是手机。我们可以把手机调为静音，以免各种信息打断我们的工作思路。办公软件可以直接在电脑上登录，方便我们统一处理软件上的消息，避免分心。

自得其乐：构筑“心流”体验

也许大家都有过这样一种体验，当你全神贯注地做自己喜欢的事情时，很容易沉浸在一种忘我的状态中，甚至到了废寝忘食的程度，这种状态就表明你已经处在心流当中。

心流的概念，最早由匈牙利籍心理学家米哈里·契克森米哈提出，他将心流（flow）定义为一种将个人精神力完全投注在某种活动上的感觉，心流产生的同时会有高度的兴奋及充实感。20世纪60年代，米哈里·契克森米哈观察了艺术家、棋手、攀岩者及作曲家们工作时的状态，他发现这些人在从事他们喜欢的工作时几乎是全神贯注地投入工作，经常会忘记时间以及周围环境。之所以会出现这种情况，是因为这些人的工作都是出于自己的乐趣，这些乐趣来自他们的活动过程，而不是外在报酬。这种由全神贯注所产生的体验就是心流体验。

简单来说，心流体验就是专注于某件事带给人们的一种幸福感。不仅是专注于各领域的专业人士，即使是普通人也会有心流体验，比如当你沉浸在阅读、绘画、上网这些活动中，因为全神贯注而忘了时间、忘了自己时，你就有了心流体验。

心流是一种积极的生命体验，可以给人们注入源源不断的力量，不管工作多复杂，只要有心流体验，我们就不会觉得费力，而且有强烈的愉悦感。

人类的快乐来源于满足感，一种是生理上得到满足，另一种是社会认可带来的满足感。生理上的满足可以让我们沉浸在基因带给我们的快乐中，但这种快乐是短暂的。而追逐社会认可的财富目标只会让人们沦为财富的傀儡。已经有越来越多的调查显示，人们的财富达到一定水平后，幸福感并不会再随着财富的增长而增长，也就是说，金钱和幸福感没有必然联系。

心流体验才能让人产生真正的、持久的幸福感。而想要拥有心流体验只能从掌控意识入手，即把注意力集中在可以让自己沉浸其中的目标上，这样才能获得幸福的最优体验。

所以，认清社会控制和基因驱使这两种幸福误区，我们可以发现只有做自己意识的主人，才有幸福可言。简而言之，专注自己的内心，以自己能够控制的奖赏替代社会奖赏作为自己的目标，学会掌控自己的意识，我们才能决定自己的生活体验，从而达到幸福的境界。

严琳就是在自己的写作爱好中体会到了无与伦比的幸福感。

严琳是一个文学爱好者，她最喜欢做的事就是把自己的一些细微感受用文字记载下来。严琳平时也写一些稿子尝试着投到喜欢的杂志社，希望能被录用。虽然严琳的投稿从来没有被采用过，但写作过程本身已经给严琳带来了很大的愉悦感。严琳本职是一名财务人员，她的这个爱好一直被朋友认为是不务正业，朋友都觉得有写稿的时间还不如去考个财务方面的资格证。虽然朋友们都不理解，但严琳知道写作带给自己的乐趣不可取代，所以严琳一直默默坚持自己的爱好，没有放弃过。

严琳就这样一直坚持写作，忽然有一天她的散文居然过了初审，编辑发来修改意见让她按要求修改后就可以发表了。严琳压抑着兴奋，花了一整晚的时间修改稿子。那天晚上，她越写越有感觉，慢慢进入一种非常奇妙的状态，她好像不需要大脑思考也可以文思泉涌，写得如痴如醉。严琳改完稿子发现居然已经过了3个小时，她觉得时间过得太快了，自己还沉浸在下笔如有神的快乐中，完全没感觉到时间的流逝。

这样的心流体验严琳在写稿中还有很多次，她发现当自己专注于一件事情，全身心地投入，达到一种忘我的境界时，她就会进入一种异常满足的状态，这种感觉非常美妙，那种幸福感是她做别的事情时很少能够体会到的。

米哈里·契克森米哈提出使心流发生的活动有以下特征：

1.这种体验出现在我们面临一份可完成的工作时。

2.我们必须能够全神贯注于这件事情。

3.这项任务有明确的目标。

4.即时的反馈。

5.我们能深入而毫不牵强地投入到行动之中，日常生活的忧虑和沮丧都因此一扫而空。

6.充满乐趣的体验使人觉得能自由控制自己的行动。

7.进入“忘我”状态，但心流体验告一段落后，自我感觉又会变得强烈。

8.时间感会改变——几小时犹如几分钟，几分钟也可能变得像几小时那么漫长。

以上项目不必同时全部存在才能使心流产生。

自我升华：把“能量”投向积极或创造性的事务

最早的现代成功学大师美国作家拿破仑·希尔曾说：“你过去或现在的情况并不重要，你将来想获得什么成就才最重要。除非你对未来有理想，否则做不出什么大事来。有了目标，内心的力量才会找到方向。”

每个奋斗者都渴望成功，每个有追求的人也都向往成功。那如何才能获得成功呢？

只有自我升华，把“能量”投向积极或创造性的事务才能通往成功之路。自我升华首先要积极进取，一个人越积极进取，所获的知识和技能就越多，他所能解决的问题也就越多。在这一过程中，你会逐渐获得超乎常人的理解力和创造力，同样也会取得超越常人的成就。

自我升华还要去积极创造，向着自己的目标挺进。创造力是人类特有的一种本领，它是完成某种创造性活动所必需的心理品质。是否具有创造力，是区分个人能力高低的重要标志。创造力要求个体的创造性思维保持在高水平，所以具有创造力的人更容易成功。

然而，有一个重要的问题残酷地摆在我们面前，那就是无效的忙碌。我们的“能量”被各种生活中或工作中的琐事切割得七零八碎，无论是身体，还是心灵，片刻都不得停歇，根本无法集中精力提升自己。困在诸多无意义的琐事中，致使很多人迷失了自己，丧失了自我，忘记了自己的追求。这样就导致现代人无时无刻不处于一种焦虑、浮躁的状态之中，哪怕是有了空闲时间也不知道如何有效支配，只会让自己无所适从。

为什么我们每天都要为琐事忙碌呢？最主要的一个原因就是我们无法控制自己不断膨胀的欲望。因为被太多的欲望左右，自己在不知不觉间便陷入逐利的怪圈之中，我们因为欲望得到满足而高兴，又因为欲壑难填而失落，一颗心完全被欲望填满，自然无暇升华自己。

虽然不是所有欲望都是不合理的，那些必需的欲望是需要满足的，但我们还是需要控制自己的欲望，至少不能完全被它所左右。给自己留一点时间，把时间花在自我提升上，生活就会随之变得简单起来。我们也可以从所谓“忙碌”的生活中抽身，把精力投入到积极的、有创造性的事务中，追求精神层面上的进步，而不至于沦为物欲的奴隶。

下面的案例中，肖然虽然没有从事自己喜欢的职业，但是因为把能量投入到了创造中，最终也实现了自己的理想。

肖然一直很喜欢画画，但是家里经济条件有限，他大学时没有选择艺术院校，而是读了和美术没多大关系的园艺专业。大学毕业后，肖然想依靠自己的能力学习绘画，可是作为一个刚步入社会的大学毕业生，他并没有多余的钱和时间去专门学画画，只好先找了一份和自己专业相关的园艺工作。

这份工作和画画关系不大，肖然很失落，因为当了一名园艺师后，他觉得自己离画家的梦想更遥远了。刚开始，肖然只能向现实低头，乖乖地对着草坪和灌木，不断地重复单调的工作。

虽然不是很喜欢自己的工作，但肖然对待工作还是很认真。后来，他还会尝试着用美术构图的方法把灌木修剪得更漂亮。有一次，肖然心血来潮把一块草坪修剪成了一幅画的样子，竟得到了许多赞赏。肖然慢慢开始喜欢园艺这份工作，而且由于他的创意和认真，越来越多的客户喜欢上了他的手艺。后来，肖然慢慢积攒了一些名气，他开始尝试着自己创业，没多久就成立了自己的公司，还创立了属于自己的品牌。

如果肖然一味地追求自己画画的梦想，而不去做园艺工作，可能就没有后来的成功。正是因为肖然在面对不喜欢的工作时也能保持积极性和创造力，才让自己得到了升华，获得了属于自己的成功。

我们怎么做才能自我升华呢？希望下面几点建议可以给大家一些参考。

1.明确自己的定位

如果可以，尽快明确自己的定位。可以根据自己的兴趣爱好和自身优势做一个学习计划或者职业规划，然后朝着目标努力。同时，要谨记一点，无论我们在追求的过程中遇到多大的挫折都不要轻言放弃，挫折也是我们成长中的宝贵财富。因为挫折是我们成长路上的警示牌，我们只有在挫折中不断修正自己，才能最终获得成功。

2. 合理分配时间

有句话说得好，你的精力花在了哪里，决定了你成为什么样的人。所以我们要在确定自己的目标后合理分配时间，分配好精力。我们可以巧妙利用碎片化时间，比如上下班途中利用软件学习自己感兴趣的知识，日积月累，学习目标就在路上完成了。

3. 专注和坚持

专注和坚持也可以帮助我们自我升华。当你为自己设立了一个目标或者想要培养一个好习惯时，专注和坚持是必不可少的。专注就是要锁定目标不动摇，坚持就是要按照自己的计划表执行下去，不被其他的事情所干扰。

小测试：你是否能够利用好独处的时光?

真正内心强大的人往往是孤独的，因为他们可以利用好独处的时光来不断提升自己。独处才让他们有更多的时间学习和了解自己。想知道自己是否能够利用好独处的时光，先判断自己是否做到了以下两点：

1. 独处时不断学习，提升自我

独处的时间越长意味着学习的机会越多。我们可以利用独处的机会，增长见识，汲取营养，让自己变得更强。

2. 独处时真正认识自己

独处时，不必再考虑周围人的因素，可以释放内心，在独处中认识自我。而且独处时的眼光往往更加准确，对自我的认识也更加准确。

图书在版编目 (CIP) 数据

孤独星人自救指南：在孤独中前行 / 吴晓磊著 .—北京：中国法制出版社，2020.11

ISBN 978-7-5216-1390-2

Ⅰ . ①孤…　Ⅱ . ①吴…　Ⅲ . ①心理学－通俗读物
Ⅳ . ① B84-49

中国版本图书馆 CIP 数据核字（2020）第 205987 号

策划编辑：孙璐璐（cindysun321@126.com）
责任编辑：李　佳　黄一迪　刘　阳　　　封面设计：汪要军

孤独星人自救指南：在孤独中前行
GUDUXING REN ZIJIU ZHINAN: ZAI GUDU ZHONG QIANXING

著者 / 吴晓磊
经销 / 新华书店
印刷 / 三河市国英印务有限公司
开本 / 880 毫米 ×1230 毫米　32 开　　　印张 / 8.25　字数 / 168 千
版次 / 2020 年 11 月第 1 版　　　2020 年 11 月第 1 次印刷

中国法制出版社出版
书号 ISBN 978-7-5216-1390-2　　　定价：39.80 元

北京西单横二条 2 号　邮政编码 100031
值班电话：010-66026508
传真：010-66031119
网址：http://www.zgfzs.com
编辑部电话：010-66038703
市场营销部电话：010-66033393
邮购部电话：010-66033288
（如有印装质量问题，请与本社印务部联系调换。电话：010-66032926）